PSIQUE Y SILICIO

PSIQUE Y SILICIO

LA INTERACCIÓN DE LA INTELIGENCIA ARTIFICIAL Y LA PSICOLOGÍA HUMANA

MENTE Y MÁQUINA: PERSPECTIVAS PSICOLÓGICAS SOBRE LA INTELIGENCIA ARTIFICIAL

NAKEL NIKIEMA

ÍNDICE

INTRODUCCIÓN

¿Has oído hablar alguna vez del principio de reciprocidad?

Es un concepto social que un psicólogo llamado Dr. Robert Cialdini desarrolló como uno de sus "siete principios universales de la persuasión". Según esta idea, las relaciones y acciones funcionan de manera eficaz gracias a un sistema bidireccional.

Por ejemplo, imagina que formas parte de un pequeño equipo en el trabajo y te han asignado un proyecto que requiere la colaboración y el aporte de todos los implicados. Para ponerlo en marcha, te ofreces como voluntario para asumir una tarea adicional que está fuera de tu descripción de trabajo, con el objetivo de ayudar al equipo a tener éxito.

Gracias a tu iniciativa y a tu disposición para dar un paso adelante, es probable que tus compañeros de equipo también se esfuercen por ti y correspondan a tus acciones.

De este modo, tanto si eres consciente de ello como si no, las grandes cosas de la vida siguen una lógica de dar y recibir, un concepto atemporal que utilizaré en este libro para ayudarte a comprender la interacción entre la mente y la máquina.

PROPÓSITO DEL LIBRO

Este libro, *Psique y silicio: La interacción de la inteligencia artificial y la psicología*, tiene como objetivo ofrecerte una visión cercana sobre cómo la IA y la psicología trabajan juntas.

Digo esto porque es evidente que la IA está transformando el mundo. Pero, ¿puede llegar a cambiar (o influir profundamente) en nuestra forma de pensar? ¿Y en cómo sentimos? ¿O incluso en cómo interactuamos con los demás?

¡Eso es lo que estás a punto de descubrir! En este libro, aprenderás sobre:

- La historia y evolución de la IA
- Diferentes tipos de IA
- El papel de la IA en las tareas cognitivas
- Cómo entiende la IA las emociones
- La informática afectiva
- La interacción persona-ordenador (HCI)
- El impacto psicológico de la IA en el empleo
- La IA en la salud mental
- Casos prácticos de IA en sanidad, empresas, hogares y ciudades
- Y mucho más

Este libro está dirigido a un amplio espectro de lectores. Desde psicólogos que buscan entender cómo la inteligencia artificial está transformando su campo, hasta investigadores en IA que pueden descubrir ideas psicológicas que inspiren el desarrollo de sistemas artificiales más avanzados. También es una valiosa fuente de información para estudiantes que desean obtener una visión global de esta nueva y dinámica área, así como para legisladores que pueden encontrar datos útiles para establecer normativas sobre la IA.

Es para todas las personas que estén interesadas en cómo afecta la IA a la sociedad y quiera aprender sobre estas ideas complejas de una forma fácil de entender.

Mi objetivo es ayudar a lectores de diversas profesiones y contextos sociales a comprender y enfrentar este nuevo mundo impregnado de inteligencia artificial, donde la IA y la psicología convergen. Al redactar este texto, deseo lograr un propósito fundamental: motivar a las personas a reflexionar detenidamente sobre cómo la IA influye en casi todos los aspectos de nuestras vidas. Esto abarca nuestra salud física y mental, la toma de decisiones, nuestro comportamiento, la interacción entre humanos y máquinas, y nuestra forma de razonar.

VISIÓN GENERAL DE LA INTELIGENCIA ARTIFICIAL

La inteligencia artificial (IA) está superando los enfoques algorítmicos tradicionales para crear sistemas excepcionalmente capaces. Estos sistemas de IA tienen la capacidad de aprender, adaptarse, resolver problemas complejos y mucho más, y a menudo pueden sorprender con su rendimiento.

Decir que los avances en IA ocurren a una velocidad fascinante podría ser un eufemismo. Actualmente, se podría considerar que un sistema de IA actúa como un polímata, capaz de realizar una amplia variedad de tareas, ya sean mundanas o extraordinarias.

En este momento, el mundo ha comenzado a explorar diversos aspectos de la IA. Entre ellos se encuentran el aprendizaje automático (AM), el aprendizaje profundo, el aprendizaje supervisado, el aprendizaje por transferencia, el procesamiento del lenguaje natural (PLN), la visión por ordenador, la robótica y mucho más. Lo que antes eran conceptos teóricos ahora se ha convertido en parte de nuestra realidad cotidiana. A medida que la IA continúa evolucionando, es probable que surjan nuevas ramas relacionadas, como la IA explicable (XAI), la computación de borde, el aprendizaje automático cuántico y la computación neuromórfica. Estas nuevas áreas prometen capacidades aún más avanzadas y una mayor integración con los procesos cognitivos humanos.

LA INTERSECCIÓN DE LA IA Y LA PSICOLOGÍA

A pesar de los avances sin precedentes en IA, esta evolución ha tocado solo la superficie de su potencial. Se estima que el mercado de IA alcanzará un valor de 407.000 millones de dólares para 2027 (Haan, 2024), lo que indica que aún queda mucho por explorar.

Un campo en evolución que merece atención es la intersección de la IA y la psicología. Este libro se adentrará precisamente en este fascinante territorio. A medida que profundice en temas específicos, también te ayudaré a comprender cómo simular adecuadamente los procesos cognitivos humanos, cómo llevar a cabo interacciones con inteligencia emocional y cómo la IA impacta en el comportamiento humano y en la sociedad en su conjunto.

En este cruce entre la IA y la psicología, se abraza un enfoque interdisciplinario que promete innovaciones significativas. Este enfoque no solo te permitirá comprender mejor los problemas más desafiantes, sino que también fomentará una mezcla de ideas dirigidas a soluciones. Esto te animará a ser relevante en el mundo actual y a abordar diversos problemas a medida que vayan surgiendo.

¡Ahora, manos a la obra!

FUNDAMENTOS DE LA IA

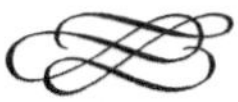

Dado que el 5% (como mínimo) de los consumidores se muestran indecisos ante la posibilidad de que la IA les desinforme a principios de la década de 2020, una forma ideal de avanzar es estar educados.

— KATHERINE HAAN

Para mí, una de las formas más efectivas de aprender es empezar desde cero. Al hacerlo, puedes comprender desde la base y avanzar desde ese punto. Este enfoque también se considera una estrategia útil para abordar la desinformación. En un mundo donde las noticias falsas y la información manipulada pueden propagarse rápidamente, comenzar desde cero te permite evaluar la validez de cada afirmación y filtrar lo que es incorrecto.

Mi principal objetivo es asegurarte de que el conocimiento y la comprensión que desarrollas se fundamenten en hechos y no en ficción. Al construir tu entendimiento paso a paso, es más probable que reconozcas y manejes de manera efectiva la desinformación. Además, quiero prepararte para los próximos capítulos, en los cuales exploraremos en profundidad el papel de la psicología en este contexto.

Cuanto antes, mejor, ¿no?

HISTORIA Y EVOLUCIÓN DE LA IA

La historia y el desarrollo de la IA se remontan a la década de 1950, según investigaciones realizadas por la Universidad de Washington. Durante este periodo, pioneros como Alan Turing, considerado el padre de la informática teórica, y John McCarthy, conocido como el padre de la IA, establecieron las bases teóricas (Smith et al., 2006). En su artículo seminal de 1950, "Computing Machinery and Intelligence", Turing propuso el Test de Turing como una medida de la inteligencia de las máquinas, motivando a los investigadores a crear sistemas capaces de mostrar habilidades cognitivas similares a las humanas.

En 1956, McCarthy organizó la Conferencia de Dartmouth, un evento fundamental que marcó el nacimiento de la IA. Investigadores como Marvin Minsky y Claude Shannon exploraron conceptos como el procesamiento del lenguaje natural, las redes neuronales y el aprendizaje automático, centrándose inicialmente en la lógica simbólica y el razonamiento basado en reglas para abordar problemas específicos.

Los inviernos y los augurios de la IA: Un ciclo de bombo y platillo, y pura decepción

La historia de la IA ha estado marcada por ciclos de optimismo y decepción. En la década de 1960, se vivió un periodo de progreso y audaces predicciones sobre el potencial de la IA, pero pronto surgieron obstáculos en áreas como la comprensión del lenguaje natural y la visión por computadora. Esto llevó al primer "invierno de la IA" en la década de 1970, cuando la financiación se agotó debido a las promesas incumplidas.

Aunque la llegada de los sistemas expertos en los años 80 renovó el entusiasmo, las limitaciones se hicieron evidentes una vez más, lo que provocó otro invierno de la IA en la década de 1990. A pesar de estos ciclos, muchas técnicas de IA continuaron avanzando de manera incremental, aunque el progreso fue más lento de lo esperado.

La IA moderna

Desde principios de la década de 2000, la IA ha experimentado un resurgimiento espectacular gracias a varios factores:

- Crecimiento exponencial de la potencia informática, que ha permitido el desarrollo de modelos más complejos.
- Big data, junto con algoritmos mejorados que permiten aprender de grandes conjuntos de datos.
- Avances significativos en el aprendizaje profundo y las arquitecturas de redes neuronales.
- Plataformas de computación en la nube, que democratizan el acceso a capacidades de IA.

Estos avances han llevado a logros notables en áreas como la visión por computadora, el reconocimiento del habla, el procesamiento del lenguaje natural y juegos. Los sistemas de IA modernos pueden igualar o incluso superar el rendimiento humano en numerosas tareas específicas.

Un desarrollo notable en la actualidad es Isabelle, un asistente de demostración y verificador de teoremas utilizado para la verificación formal y la investigación matemática. Sin embargo, aún estamos lejos de alcanzar el tipo de inteligencia general que visionaron los primeros pioneros de la IA. Aunque la IA actual muestra habilidades sobresalientes en tareas específicas y delimitadas, su capacidad de razonamiento general comparada con la cognición humana sigue siendo limitada.

A medida que las capacidades de la IA crecen, también aumentan las preocupaciones en torno a su ética, seguridad y el impacto social. Muchas personas se preocupan por problemas de parcialidad, privacidad y el potencial desplazamiento laboral que podría resultar de su adopción generalizada.

Los sistemas modernos de IA están diseñados para ser no solo herramientas útiles, sino también para exhibir imparcialidad y responsabilidad. La historia de la IA es la historia de ambiciones y objetivos extravagantes, marcada por ciclos de progreso y retroceso, así como avances teóricos y tecnológicos lentos. Aunque hemos recorrido un largo camino desde los inicios de la investigación en IA, en muchos sentidos, el viaje apenas comienza.

Lo alentador es que las próximas décadas prometen traer aún más innovaciones. Mientras tú —y todos nosotros— nos mantenemos atentos al futuro, es fundamental seguir educándonos y comprender cómo la IA seguirá transformando nuestras vidas.

CONCEPTOS Y TECNOLOGÍAS CLAVES DE LA IA

Conocer los conceptos y tecnologías claves de la inteligencia artificial (IA) te brinda una oportunidad invaluable. Al profundizar en la comprensión de la IA, podrás desarrollar una visión psicológica más rica del comportamiento de las máquinas.

Como mencioné en el capítulo anterior, las disciplinas suelen operar dentro de un sistema bidireccional. Por lo tanto, entender el funcionamiento de la tecnología te permite adquirir una conciencia más completa y un mejor sentido de cómo las máquinas procesan e interpretan datos.

El conocimiento que adquieras en este proceso te ayudará a desarrollar una especie de "intuición" sobre la IA, lo que te permitirá trabajar de manera más eficiente y colaborativa con estos sistemas. Serás capaz de predecir y anticipar sus respuestas con mayor precisión.

A continuación, te presento los conceptos y tecnologías clave de la IA que debes conocer.

Aprendizaje automático o "Machine Learning (ML)"

En el corazón de la IA moderna se encuentra el aprendizaje automático, una técnica basada en algoritmos que permite a los sistemas aprender y mejorar a través de la experiencia. Primero, un sistema de IA adquiere datos, que luego se preparan para que el algoritmo los procese y los despliegue eficazmente. Posteriormente, se evalúa el rendimiento del modelo para realizar las integraciones necesarias.

A continuación, te presento un sencillo diagrama basado en texto que ilustra el proceso de aprendizaje automático en acción:

[Adquisición de datos]
↓
[Preparación de datos]
↓
[Elección del algoritmo]
↓
[Desarrollo del modelo]
↓
[Evaluación del rendimiento]
↓
[Integración de la producción]
↓
[Mejora continua]

Aprendizaje supervisado

El aprendizaje supervisado es un enfoque común en el aprendizaje automático o Machine Learning (ML). Consiste en utilizar conjuntos de datos etiquetados para entrenar modelos que asignan entradas a salidas conocidas. Esta técnica incluye numerosos submétodos, desde la clásica regresión lineal hasta métodos más avanzados, como los bosques aleatorios, que combinan múltiples aprendices débiles para crear un modelo conjunto más robusto.

Aprendizaje no supervisado

Otra técnica importante es el aprendizaje no supervisado, que trabaja con datos no etiquetados. Los algoritmos de esta categoría están diseñados para descubrir patrones, estructuras y relaciones que, de otro modo, permanecerían ocultos. Las técnicas de agrupación, como k-means y la agrupación espacial basada en la densidad de aplicaciones con ruido (DBSCAN), identifican puntos de datos similares y los agrupan. Por otro lado, los métodos de reducción de dimensionalidad, como embebido estocástico de vecinos distribuido en t -conocido por las siglas del inglés: t-distributed Stochastic Neighbor Embedding (t-SNE)- y aproximación y proyección de variedades uniforme -conocido por sus siglas del inglés: Uniform Manifold Approximation and Projection (UMAP)-, simplifican datos complejos y extraen características importantes.

Los modelos generativos, como los autocodificadores variables (VAE) y las redes generativas adversariales (GAN), van aún más allá, aprendiendo a crear muestras de datos completamente nuevas que imitan la distribución de los datos de entrada.

Aprendizaje por refuerzo

El aprendizaje por refuerzo es otra técnica poderosa que permite a un sistema de IA interactuar con su entorno y aprender a maximizar una recompensa acumulativa. Este proceso permite que la IA se adapte y mejore en entornos complejos y dinámicos mediante un enfoque de ensayo y error. Las técnicas de aprendizaje por refuerzo varían desde el clásico aprendizaje Q, donde un agente aprende el valor óptimo de cada estado en su entorno, hasta métodos avanzados como la optimización proximal de políticas, que utiliza gradientes de políticas para mejorar la estrategia del sistema de IA, y el algoritmo actor-crítico suave, que combina gradientes de políticas con técnicas basadas en valores.

Redes neuronales

La arquitectura y el funcionamiento de las redes neuronales artificiales (RNA) se comprenden mejor al conocer sus componentes. Estas redes se inspiran en los sistemas neuronales biológicos y constan de nodos interconectados o "neuronas" organizadas en capas.

El bloque de construcción fundamental, el perceptrón, suma entradas ponderadas y aplica una función de activación para producir una salida. Existen RNA más avanzadas con diversas arquitecturas que pueden manejar tareas específicas. Por ejemplo, las redes convolucionales están optimizadas para el análisis de imágenes, mientras que las redes recurrentes procesan información secuencial. Otros ejemplos incluyen redes adversariales para la generación de datos y modelos transformadores que han revolucionado el Procesamiento del Lenguaje Natural (PNL). Cada tipo ofrece capacidades únicas, brindando a investigadores y profesionales la oportunidad de seleccionar la arquitectura más adecuada para su aplicación.

Una red feedforward, la estructura más básica, procesa los datos en una sola dirección, similar a una calle de sentido único, donde la información fluye sin permitir giros en U.

Redes neuronales convolucionales y algoritmo de retropropagación

Para el procesamiento de imágenes, predominan las redes neuronales convolucionales (CNN). Estas redes cuentan con capas especializadas, como las capas convolucionales y de agrupación, que les permiten identificar patrones, establecer conexiones y extraer características de imágenes complejas con múltiples elementos.

El algoritmo de retropropagación, que sirve como motor del aprendizaje, toma la función de pérdida (una medida del rendimiento de la red) y la utiliza para determinar qué pesos y sesgos de la red deben ajustarse para mejorar su rendimiento.

Procesamiento del lenguaje natural (PNL)

Como componente esencial de la IA, el PNL permite a las máquinas comprender el lenguaje humano. Las técnicas de PNL son versátiles y abarcan una amplia gama de tareas, desde el análisis y la interpretación de textos hasta la generación de lenguaje fácilmente comprensible y similar al humano. Un concepto clave en PNL es la tokenización, que consiste en dividir el texto en unidades más pequeñas y manejables, o "tokens", que pueden ser procesados. Por ejemplo, en inglés, las palabras son los tokens más comunes, aunque también pueden incluir números, símbolos y puntuación.

Robótica y sistemas autónomos

La robótica y los sistemas autónomos representan otro aspecto crucial de la IA, integrando percepción, toma de decisiones y acción en entornos del mundo real. Estos sistemas funcionan mediante la fusión de datos de diversos sensores para crear un modelo global del entorno.

Gracias a algoritmos de localización y mapeo simultáneos (SLAM), los robots pueden navegar por espacios desconocidos construyendo mapas mientras rastrean su posición. Los algoritmos de planificación de trayectorias, que incluyen métodos basados en el muestreo, como los árboles aleatorios de exploración rápida (RRT), y enfoques basados en la optimización, como el control predictivo de modelos, generan trayectorias eficientes y seguras en entornos complejos y dinámicos. Los sistemas de control, que van desde controladores proporcionales-integrales-derivativos (PID) hasta técnicas de control adaptativo y robusto, traducen órdenes de alto nivel en acciones motoras precisas.

En los vehículos autónomos, los sistemas de toma de decisiones suelen emplear una combinación de enfoques basados en reglas y modelos ML. Las técnicas de aprendizaje por refuerzo, como Deep Q-Networks (DQN) y PPO, permiten a los vehículos aprender políticas de conducción óptimas.

Mientras tanto, los algoritmos de visión por ordenador, a menudo basados en el aprendizaje profundo, facilitan la detección de objetos, la segmentación semántica y la comprensión de escenas.

TIPOS DE IA: IA ESTRECHA, GENERAL Y SUPERINTELIGENTE

Existen distintos tipos de inteligencia artificial (IA) debido a las variadas formas de entrenar a las máquinas. Sus clasificaciones dependen de cómo son capaces de realizar tareas o resolver problemas que normalmente requerirían inteligencia humana.

Esta diversidad permite que los sistemas de IA manejen necesidades y escenarios específicos. A continuación, se presentan los diferentes tipos de sistemas de IA.

IA estrecha

La IA estrecha, también conocida como IA débil, se refiere a sistemas diseñados para realizar tareas específicas en un contexto limitado. Según Investopedia, estos sistemas destacan en sus funciones designadas, pero lamentablemente no pueden transferir conocimientos o habilidades a otros ámbitos. Esta falta de flexibilidad y generalización puede limitar su utilidad para resolver problemas o tomar decisiones en situaciones nuevas.

Desde una perspectiva centrada en las soluciones, esto no representa un gran inconveniente, ya que estos sistemas pueden seguir mejorando. Además, se investiga en áreas como el aprendizaje por transferencia, que fomenta utilizar los conocimientos adquiridos en una tarea para mejorar el rendimiento en tareas relacionadas.

Principales características de la IA estrecha:

- Optimización específica de la tarea
- Dependencia de reglas predefinidas o modelos de aprendizaje automático
- Adaptabilidad limitada fuera de su ámbito de entrenamiento
- Alta eficacia dentro de su especialización

IA general

La IA general, o inteligencia general artificial (IAG), es una forma hipotética de IA que posee capacidades cognitivas similares a las humanas y puede realizar una amplia gama de tareas. Se la considera lo opuesto a un sistema de IA débil, por lo que a menudo se le clasifica como IA fuerte.

La AGI sería capaz de resolver nuevos problemas sin intervención humana, así como aprender de la experiencia, adaptarse a nuevas situaciones y comprender el contexto y matices de la comunicación humana. Aunque algunos ven la AGI como el objetivo final de la investigación en IA, otros creen que este nivel de inteligencia podría nunca ser alcanzable o que aún está lejos en el futuro.

A diferencia de la IA estrecha, la AGI puede:

- Razonar de forma abstracta
- Resolver problemas en situaciones nuevas
- Aprender y adaptarse a nuevos entornos
- Transferir conocimientos entre diferentes campos

IA superinteligente

La IA superinteligente representa una etapa teórica del desarrollo de la IA en la que esta sobrepasa las capacidades cognitivas humanas en todos los aspectos. Este concepto va más allá de la AGI y de cualquier sistema considerado fuerte.

Para los usuarios cotidianos de sistemas de IA, la noción de una IA superinteligente puede parecer un sueño. Sin embargo, sugiere una inteligencia que podría:

- Automejorar rápidamente sus capacidades
- Resolver problemas complejos que van más allá de la comprensión humana
- Rediseñar potencialmente su propia arquitectura para lograr un rendimiento óptimo

Si hay un sistema de IA que se percibe como una amenaza, es la IA superinteligente. Sin embargo, existen limitaciones técnicas significativas que la mantienen en el ámbito de lo hipotético. Una de las principales limitaciones es la complejidad y el coste necesario para desarrollar y mantener tal sistema. Aunque podría alcanzar un rendimiento excepcional, requeriría enormes cantidades de potencia y recursos informáticos, lo que complicaría su desarrollo y gestión.

Además, puede que aún no contamos con los algoritmos y métodos necesarios para desarrollar una IA superinteligente, lo que implica que se requiere una investigación y un desarrollo significativos antes de que esto pueda hacerse realidad.

PSICOLOGÍA COGNITIVA E IA

Probablemente hayas escuchado hablar del concepto de la memoria de trabajo, ¿verdad? Esta capacidad es una piedra angular de la teoría de la carga cognitiva y tiene implicaciones significativas en el diseño y la administración de los tests de coeficiente intelectual (CI).

Según investigaciones que respaldan esta teoría, quienes crean los tests deben tomar la iniciativa para evitar sobrecargar la memoria de trabajo del examinando. Esto implica no incluir tareas excesivamente complejas o exigentes (Moreno y Park, 2012).

La razón: Si un ítem del test requiere una carga cognitiva excesiva, esto puede resultar en puntuaciones más bajas, lo cual no refleja una falta de inteligencia. Más bien, se debe a la limitada capacidad de la memoria de trabajo del examinando. Esto resalta la necesidad de un diseño cuidadoso de los tests para medir con precisión el CI y, lo que es más importante, ilustra cómo funcionan los sistemas de IA.

Al igual que los examinadores humanos pueden tener dificultades con tareas que exceden su capacidad de memoria de trabajo, los sistemas de IA también pueden enfrentar problemas cuando las tareas sobrepasan su capacidad de memoria o recursos computacionales. A medida que los sistemas de IA se vuelven más complejos, los diseñadores deben considerar detenidamente la carga cognitiva de las tareas que deben realizar. Es fundamental encontrar maneras de garantizar que el sistema funcione como se espera, sin verse obstaculizado por una memoria saturada o limitaciones de procesamiento.

Ahora que hemos revisado los fundamentos de la IA en el capítulo anterior, avancemos para discutir todo lo que necesitas saber sobre la psicología cognitiva y la IA.

MODELOS COGNITIVOS E INTELIGENCIA ARTIFICIAL

Es casi imposible ignorar los avances significativos que ha logrado la IA en la reproducción de los procesos cognitivos humanos. Los sistemas de IA están cada vez más sofisticados y resulta un reto distinguir qué es IA y qué es realmente humano.

Simulando la cognición humana: ¿Cómo reproducen los modelos de IA la cognición humana?

Según Pearce (2023), los modelos de IA, especialmente los modelos de difusión, pueden replicar el comportamiento humano en entornos interactivos. Esto lo logran al aprender de conjuntos de datos que contienen observaciones y acciones humanas.

Estos modelos son capaces de captar la diversidad del comportamiento humano y pueden generar respuestas variadas y similares a las humanas en prácticamente cualquier tarea.

Áreas en las que los modelos de IA pueden reproducir el comportamiento humano:

ÁREA	PROCESO
Atención y concentración	Los mecanismos de atención en IA, como los utilizados en los modelos de Transformador Preentrenado Generativo (GPT), reproducen la atención selectiva humana. Estos modelos pueden centrarse en partes relevantes de los datos de entrada e ignorar por completo la información irrelevante.
Toma de decisiones	Los algoritmos de aprendizaje por refuerzo reproducen los procesos humanos de toma de decisiones. Por ejemplo, en el juego de la IA, estos algoritmos aprenden estrategias óptimas equilibrando la exploración (probando nuevos movimientos) y la explotación (utilizando estrategias conocidas que han tenido éxito), reflejando cómo aprenden los humanos mediante el método de ensayo y error.
Reconocimiento emocional	Aunque no reproducen las emociones en sí mismas, los modelos de IA pueden simular el proceso de reconocimiento de las emociones. Los modelos multimodales combinan entradas visuales y auditivas para detectar estados emocionales a partir de expresiones faciales, tono de voz y lenguaje corporal.
Comprensión del lenguaje	Los modelos transformadores, como las Representaciones Codificadoras Bidireccionales de Transformadores (BERT), simulan el procesamiento del lenguaje humano teniendo en cuenta el contexto en ambas direcciones. Utilizan mecanismos de autoatención para sopesar la importancia de las distintas palabras de una frase, de forma similar a cómo los humanos se centran en los elementos principales al interpretar el lenguaje.
Memoria y aprendizaje	Las redes de memoria a largo plazo (LSTM) funcionan como la memoria de trabajo de un ser humano. Pueden mantener la información relevante a lo largo del tiempo mientras descartan los datos menos importantes o totalmente irrelevantes.
Resolución de problemas	Los sistemas de IA como AlphaFold simulan la resolución humana de problemas en dominios complejos. Al combinar el aprendizaje profundo con el conocimiento específico del dominio (en este caso, el plegamiento de proteínas), estos modelos pueden abordar problemas que requieren tanto el reconocimiento de patrones como el razonamiento lógico.

Aunque estos modelos de IA han avanzado en la reproducción del comportamiento humano y en procesos cognitivos específicos, siguen careciendo de la inteligencia y la conciencia generalizables que caracterizan la cognición humana. Esto puede resultar lamentable en cierto sentido. Sin embargo, la buena noticia es que la investigación actual se centra en integrar estas capacidades individuales en modelos más completos (Celemin et al., 2022). Esto abre la puerta a la creación de sistemas de IA que puedan aplicar de manera flexible las capacidades cognitivas y acercarse a la inteligencia general artificial (AGI).

Teoría del procesamiento de la información: humano versus máquina

La teoría del procesamiento de la información proporciona un marco para comprender cómo humanos y máquinas manejan, almacenan y utilizan la información. Aunque existen similitudes entre el procesamiento de información en humanos y en máquinas, también hay diferencias significativas en sus enfoques y capacidades.

Procesamiento humano

El procesamiento de la información en los humanos se inicia con la recepción de entradas sensoriales a través de diversos canales (vista, oído, tacto, etc.), que se almacenan brevemente en la memoria sensorial. A continuación, los mecanismos de atención filtran esta información, decidiendo qué datos se trasladan a la memoria a corto plazo (o de trabajo). Esta etapa tiene una capacidad y duración limitadas. Durante este periodo, la información considerada importante se codifica en la memoria a largo plazo a través de procesos como el ensayo y la elaboración.

Procesamiento mecánico

En contraste, el procesamiento de información por parte de las máquinas, especialmente en los sistemas de IA, sigue un camino análogo. Los datos de entrada se reciben a través de sensores o fuentes de datos y se procesan en capas de redes neuronales u otras estructuras computacionales. La atención del sistema es dirigida por algoritmos programados o patrones aprendidos. El procesamiento a corto plazo ocurre en la memoria de acceso aleatorio (RAM), mientras que el almacenamiento a largo plazo implica diversas formas de memoria informática o bases de datos.

APRENDIZAJE AUTOMÁTICO (ML) Y APRENDIZAJE HUMANO

Tanto el aprendizaje humano como el aprendizaje automático (ML) comparten principios fundamentales, aunque divergen significativamente en su aplicación y capacidades. Ambos sistemas buscan mejorar el rendimiento a través de la experiencia, pero los mecanismos subyacentes son diferentes.

Mecanismos de aprendizaje: características, similitudes y diferencias

En el aprendizaje humano, las redes neuronales del cerebro forman y refuerzan conexiones gracias a la plasticidad sináptica, un proceso que implica cambios bioquímicos complejos y es fundamental para la codificación de la información y las habilidades.

Características

Los seres humanos aprenden utilizando diversos métodos, como la observación, el ensayo y error, y la instrucción explícita. En cambio, el ML se basa en algoritmos y modelos estadísticos que identifican patrones en los datos.

Similitudes

Una similitud clave entre el aprendizaje humano y el ML es la importancia de la retroalimentación. Los humanos utilizan diferentes formas de retroalimentación para refinar su comprensión y habilidades. Por su parte, los algoritmos de ML emplean señales de error o funciones de recompensa como base para ajustar sus parámetros y mejorar su rendimiento.

Diferencias

Una diferencia significativa radica en la velocidad y escala del aprendizaje. Los sistemas de ML pueden procesar grandes cantidades de datos en fracciones de segundo, lo que les permite destacar en tareas específicas y bien definidas. Por otro lado, aunque los humanos son más lentos en el procesamiento de datos, exhiben una notable eficacia en el aprendizaje a partir de unos pocos ejemplos y en la transferencia de conocimientos. Algunas personas, debido a su alta inteligencia, pueden aprender rápidamente conceptos complicados sin esfuerzo.

Otra distinción importante es la forma en que se representa el conocimiento. El conocimiento humano es a menudo abstracto, flexible y dependiente del contexto, lo que permite un razonamiento creativo y analógico. En contraste, los modelos de ML trabajan con representaciones matemáticas más rígidas, lo que si bien los hace muy eficaces para tareas específicas, también les presenta dificultades frente a información matizada y contextualizada.

La interpretabilidad del aprendizaje también difiere. Los procesos de aprendizaje humano son a menudo intuitivos y difíciles de explicar en su totalidad, mientras que los modelos de ML pueden analizarse y depurarse de manera más sistemática, aunque algunos modelos avanzados, como las redes neuronales profundas, presentan desafíos en términos de interpretabilidad.

Aprendizaje por transferencia y generalización: El poder de la IA y los humanos en nuevas situaciones

El aprendizaje por transferencia y la generalización son capacidades fundamentales tanto para la inteligencia humana como para la artificial. Estas habilidades permiten la aplicación de conocimientos previamente adquiridos a nuevas situaciones. Si bien los humanos son "naturales" en estas tareas, los sistemas de IA continúan desarrollándose y mejorando en este aspecto.

El poder de los humanos

En la cognición humana, el aprendizaje por transferencia ocurre de manera intuitiva y sin esfuerzo. Los seres humanos pueden aplicar principios abstractos aprendidos en un área para resolver problemas en campos completamente distintos. Esta habilidad se origina en nuestra capacidad para formar modelos mentales y reconocer conexiones y patrones subyacentes que pueden pasar desapercibidos o trascender contextos específicos.

Por ejemplo, una persona que comprende a fondo el concepto de oferta y demanda puede prever el flujo del tráfico en zonas urbanas, utilizando ese principio para evitar quedarse atascada en el tráfico.

El poder de la IA

Tradicionalmente, los sistemas de IA han mostrado limitaciones en su capacidad para transferir conocimientos. Los modelos clásicos de aprendizaje automático (ML) suelen ser específicos para cada tarea, lo que implica que requieren un nuevo entrenamiento para cada nueva aplicación. Sin embargo, los avances recientes en técnicas de aprendizaje por transferencia han mejorado drásticamente la "superpotencia" de la IA en este ámbito.

Un enfoque popular en el aprendizaje por transferencia de la IA es el ajuste fino de modelos preentrenados. Este método permite que el modelo utilice y aproveche una comprensión general del lenguaje para aplicaciones especializadas, reduciendo significativamente la cantidad de datos específicos de la tarea necesarios. Otra técnica es la adaptación al dominio, que entrena modelos para que funcionen bien en un dominio de destino utilizando conocimientos de un dominio de origen relacionado, lo que es especialmente útil cuando los datos etiquetados en el dominio de destino son escasos.

LA IA EN TAREAS COGNITIVAS: PERCEPCIÓN, MEMORIA Y TOMA DE DECISIONES

A diferencia de los humanos, los sistemas de IA tienen una atención inquebrantable. Pueden procesar cantidades interminables de datos sin fatigarse ni distraerse, lo que les convierte en expertos en identificar patrones y tomar decisiones con un alto grado de precisión. Además, la potencia de procesamiento específica de la IA les permite realizar tareas que serían imposibles para los humanos, como analizar grandes volúmenes de datos o realizar simulaciones en tiempo real.

A continuación, se presentan discusiones relevantes sobre por qué la IA destaca en las tareas cognitivas.

Percepción

Los sistemas perceptivos impulsados por IA han avanzado significativamente en la comprensión de entradas visuales y auditivas. En visión por computadora, por ejemplo, las arquitecturas avanzadas de aprendizaje profundo son fundamentales para el procesamiento y análisis de imágenes. Estos modelos utilizan múltiples capas de neuronas artificiales para extraer e interpretar características visuales, permitiéndoles trabajar eficazmente desde los elementos más básicos hasta el reconocimiento de objetos complejos.

En el ámbito auditivo, la IA emplea técnicas como el análisis espectral y redes neuronales recurrentes para procesar señales de audio dependientes del tiempo. Además, utiliza modelos de aprendizaje profundo, en particular transformadores, para mejorar el reconocimiento del habla y el procesamiento del lenguaje.

Memoria

Los modelos de memoria de la IA han evolucionado considerablemente y ahora son más sofisticados que nunca. Ya no son simples sistemas de almacenamiento de datos, sino que se asemejan a las funciones de la memoria humana. En el aprendizaje automático tradicional, la información se almacena en los parámetros del modelo o en tablas de consulta. Sin embargo, los sistemas avanzados de IA presentan estructuras de memoria más dinámicas y eficientes.

Por ejemplo, las redes de memoria y las máquinas neuronales de Turing permiten introducir componentes de memoria externos desde los cuales se puede leer y escribir. Esto permite almacenar y recuperar información de manera más flexible. Además, estos modelos pueden realizar tareas de razonamiento complejas manipulando su contenido de memoria.

Los ordenadores neuronales diferenciables (CND) llevan esto un paso más allá, incorporando una matriz de memoria con operaciones de lectura y escritura, lo que les permite resolver tareas complejas y estructuradas. Estos modelos avanzados de memoria son la clave de por qué los sistemas de IA parecen capaces de manejar tareas complejas que requieren un contexto a largo plazo, razonamiento secuencial y rápida adaptación a nueva información.

Toma de decisiones

A lo largo de los años, los procesos de toma de decisiones en IA han avanzado notablemente. Los sistemas basados en reglas han quedado atrás, dando paso a decisiones estratégicas más complejas. Por ejemplo, la búsqueda en árbol de Montecarlo (MCTS) ha demostrado ser muy eficaz para la toma de decisiones estratégicas, como se evidenció en la victoria de AlphaGo sobre los campeones humanos en Go. Este algoritmo equilibra la exploración de nuevas estrategias con la explotación de jugadas conocidas.

En entornos inciertos, la teoría bayesiana de la decisión proporciona un marco para que la IA razone sobre probabilidades y utilidades. Los modelos gráficos probabilísticos, como las redes bayesianas, permiten la representación estructurada de problemas de decisión complejos.

Mientras tanto, para los escenarios multiagente, los conceptos de la teoría de juegos se integran en los procesos de toma de decisiones de la IA. El motivo es permitir el razonamiento estratégico en entornos competitivos o cooperativos.

Por otra parte, en las aplicaciones del mundo real, los métodos de conjunto combinan múltiples modelos o algoritmos de decisión para mejorar la solidez y el rendimiento.

IA EMOCIONAL

La máquina de las emociones es un libro fascinante publicado en 2006, escrito por Marvin Minsky, uno de los pioneros de la inteligencia artificial (IA) y cofundador del Laboratorio de Inteligencia Artificial del MIT, mencionado en el Capítulo 2. En este libro, Minsky explora cómo funcionan nuestras emociones y cómo podríamos recrearlas en máquinas.

Propone que podemos descomponer las emociones en fórmulas matemáticas. Si logramos descifrar ese código, podríamos crear máquinas extraordinarias, máquinas que no solo procesen información, sino que también sientan de manera significativa.

Lo más intrigante es que Minsky no se detiene en el "cómo"; también indaga en el "qué pasaría si..." *¿Qué ocurrirá cuando tengamos máquinas capaces de comprender y expresar emociones?*

Si logramos desarrollar sistemas de IA que puedan procesar las emociones, no solo estaremos hablando de máquinas más inteligentes, sino de máquinas que pueden interactuar con nosotros a un nivel completamente nuevo.

A medida que avanzamos en nuestra exploración de la psicología cognitiva y la IA, es importante recordar el impacto de este libro. Las discusiones en este capítulo te ayudarán a comprender mejor la IA emocional y cómo puedes aprovechar el poder de la inteligencia emocional en tu beneficio.

COMPRENDER LAS EMOCIONES EN HUMANOS Y MÁQUINAS

Los sistemas de IA operan de una manera que puede parecer sencilla. Aunque parece que solo producen resultados como un reloj, en realidad, entre bastidores ocurren muchos procesos complejos.

Teorías de la emoción

Al utilizar la comprensión emocional en el desarrollo de tu IA, puedes hacer que el sistema trabaje mejor para ti. Un manejo adecuado de estos conceptos permite que el sistema responda con mayor eficacia a tus solicitudes. Por lo tanto, es fundamental conocer las distintas teorías sobre las emociones, ya que esto es clave para entender cómo interpretan los procesos los sistemas de IA. Aquí te presentamos algunas teorías importantes:

- **Teoría de James-Lange**

Visión general: Esta teoría sostiene que nuestras emociones surgen de cómo reacciona nuestro cuerpo ante estímulos externos.

Ejemplo: Nos sentimos felices porque sonreímos o sentimos miedo porque temblamos.

- **Teoría de Cannon-Bard**

Visión general: Postula que las emociones y las reacciones fisiológicas ocurren simultáneamente e independientemente al enfrentar un estímulo.

Ejemplo: Sentimos miedo al mismo tiempo que nuestro corazón se acelera al ver una serpiente.

- **Teoría de los dos factores (teoría de Schachter-Singer)**

Visión general: Argumenta que las emociones dependen de la excitación fisiológica y su interpretación cognitiva en el contexto dado.

Ejemplo: Si nuestro corazón se acelera en un callejón oscuro, podemos etiquetar esa excitación como miedo; si sucede en un concierto, podría interpretarse como emoción.

- **Teoría de la valoración cognitiva**

Visión general: Esta teoría sugiere que nuestras emociones surgen de la interpretación y evaluación de situaciones, lo que determina su significado emocional para nosotros.

Ejemplo: Nos sentimos felices al recibir un ascenso, percibiéndolo como recompensa por nuestro esfuerzo, mientras que podríamos sentir ansiedad ante la pérdida de un empleo, percibiéndola como una amenaza a nuestra estabilidad.

- **Teoría evolutiva de la emoción**

Visión general: Sugiere que las emociones han evolucionado para cumplir funciones adaptativas, ayudándonos a responder a desafíos y mejorar la supervivencia.

Ejemplo: El miedo provoca una respuesta de lucha o huida ante el peligro, mientras que la alegría fomenta vínculos sociales y cooperación, lo que beneficia la supervivencia del grupo.

Reconocimiento de las emociones

Comprender las emociones es fundamental para construir y mantener relaciones. En interacciones personales, reconocer las emociones puede ayudarte a responder adecuadamente. Por ejemplo, si un amigo está molesto, reconocer su estado emocional puede demostrar empatía y apoyo, fortaleciendo el vínculo y fomentando la confianza mutua. En el ámbito laboral, la capacidad de leer las emociones de tus colegas también puede mejorar la comunicación.

Técnicas tradicionales

Los enfoques tradicionales siguen siendo valiosos. Puede ser fácil pasar por alto la sabiduría de estos métodos en favor de técnicas más modernas y llamativas, pero muchos enfoques de la vieja escuela han resistido la prueba del tiempo. Estos métodos a menudo proporcionan una base que puede enriquecer las prácticas contemporáneas. Comprender su funcionamiento puede ofrecerte nuevas perspectivas y beneficios.

A continuación, se presentan algunas de estas técnicas tradicionales de reconocimiento de emociones:

TÉCNICA	DESCRIPCIÓN
Análisis de la expresión facial	Identificar emociones a partir de movimientos y expresiones faciales.
Análisis de la voz	Detectar emociones a través de rasgos vocales como el tono y el timbre.
Interpretación del lenguaje corporal	Analizar la postura y los gestos para deducir estados emocionales.
Análisis de texto	Utilizar la PNL para determinar las emociones en un texto escrito.
Medición fisiológica	Monitorizar indicadores biométricos como la frecuencia cardiaca y la conductancia de la piel.
Seguimiento ocular	Analizar el movimiento de los ojos y la dirección de la mirada para comprender las emociones.
Reconocimiento de patrones de comportamiento	Observar patrones en las acciones a lo largo del tiempo para identificar emociones.
Análisis de sentimiento	Evaluar el sentimiento detrás de palabras y frases.
Modelos ML	Utilizar la IA para clasificar las emociones en función de los datos de entrada.
Enfoques multimodales	Combinar varios métodos para lograr un reconocimiento preciso de las emociones.

Técnicas modernas

Los problemas actuales requieren soluciones innovadoras. Aunque los enfoques tradicionales son efectivos, en ocasiones una perspectiva diferente puede resultar más eficiente.

Vivimos en un mundo contemporáneo donde las circunstancias han cambiado, lo que nos obliga a considerar nuevas y diversas estrategias para abordar los desafíos emocionales.

A continuación, presento una tabla con una lista de técnicas modernas para el reconocimiento de emociones:

TÉCNICA	DESCRIPCIÓN
Neurofeedback	Utilizar la retroalimentación de la actividad cerebral para ayudar a regular las respuestas emocionales.
Análisis del comportamiento en las redes sociales	Analizar las interacciones en línea para calibrar los estados emocionales.
Tecnología portátil	Controlar los cambios fisiológicos para detectar cambios emocionales.
Simulación de realidad virtual (RV)	Involucrar a las personas en la RV para analizar las respuestas emocionales.
Análisis de la huella digital	Seguimiento de comportamientos en línea para deducir estados emocionales.
Evaluación de preferencias musicales	Analizar las preferencias musicales para comprender el estado de ánimo y las emociones.
Análisis de la narración	Evaluar la narración de historias para descubrir estados emocionales subyacentes.
Análisis del arte y la creatividad	Comprender las emociones a través de expresiones creativas y obras de arte.
Análisis de la interacción con robots	Observar las interacciones con robots para analizar las respuestas emocionales.
Análisis de los sueños	Analizar los sueños para comprender los estados emocionales subconscientes.

INFORMÁTICA AFECTIVA: IA E INTELIGENCIA EMOCIONAL

La informática afectiva y la inteligencia emocional son términos que sueles escuchar con frecuencia. Aunque están estrechamente relacionados, cumplen funciones distintas en nuestra comprensión y manejo de las emociones. Para entender estas ideas, es útil examinar cada término por separado, teniendo en cuenta el solapamiento de sus aplicaciones.

Informática afectiva e inteligencia emocional: conexión entre ambas

La informática afectiva se centra en crear sistemas que puedan comprender y responder a los sentimientos humanos, con el objetivo de desarrollar tecnologías que reaccionen ante las emociones.

Por otro lado, la inteligencia emocional es la habilidad para reconocer, comprender y gestionar tanto tus propias emociones como las de los demás. Es crucial para la construcción de relaciones personales y laborales sólidas e incluye competencias como la empatía, que es la capacidad de entender cómo se sienten los demás; la autorregulación, que implica gestionar tus propias emociones; y la conciencia social, que se refiere a estar consciente de lo que sucede en situaciones sociales.

A continuación, se presenta un análisis de la conexión entre ambas disciplinas:

Simulación de la empatía: Los sistemas de informática afectiva pueden simular emociones, lo que les permite comportarse de manera más humana. Esta capacidad ayuda a los usuarios a percibir el sistema como emocionalmente inteligente.

Interacciones adaptativas: Las aplicaciones de computación afectiva pueden ajustar su manera de responder en función de las emociones que detectan, favoreciendo interacciones más significativas y comprensivas. Por ejemplo, un tutor virtual puede identificar cuándo un alumno está teniendo dificultades y modificar su enfoque de enseñanza, lo que proporciona una ayuda personalizada y mantiene al estudiante interesado y motivado.

Mejores relaciones con los usuarios: Al comprender y responder a las emociones, las herramientas de informática afectiva pueden fomentar interacciones más profundas y significativas, similares a las que se observan en relaciones humanas emocionalmente inteligentes.

Formación y desarrollo: Las tecnologías de computación afectiva pueden ayudar a las personas a desarrollar su inteligencia emocional, proporcionando información sobre cómo reconocer y gestionar emociones, lo que permite a los usuarios mejorar sus habilidades emocionales.

Sistemas de IA emocional

Al comprender los estados emocionales de los usuarios, estos sistemas pueden adaptar sus respuestas y recomendaciones, creando una experiencia más personalizada y atractiva. Esto es especialmente beneficioso en campos como el comercio electrónico, la educación y el entretenimiento.

A continuación, se presentan algunos de los sistemas de IA emocional más comunes:

1- Affectiva
Sistema: Esta tecnología de reconocimiento de emociones analiza expresiones faciales y tonos vocales para calibrar respuestas emocionales.
Uso: Se utiliza en diversas aplicaciones, como investigación de mercados, seguridad automovilística y control de la salud mental.

2- CereProc
Sistema: Desarrolla software de texto a voz emocional que comunica diferentes tonos emocionales a través de voces sintéticas.
Uso: Tiene aplicaciones en videojuegos, asistentes virtuales y herramientas de accesibilidad, haciendo que las interacciones digitales sean más cercanas.

3- Realeyes
Sistema: Utiliza visión por computador y aprendizaje automático (ML) para rastrear expresiones faciales y medir el compromiso emocional en respuesta a contenido visual.
Uso: Se utiliza comúnmente en publicidad y marketing, analizando reacciones del público y optimizando campañas.

4- Emotient
Sistema: Ahora parte de Apple, desarrolló tecnología para reconocer emociones a partir de expresiones faciales en tiempo real.
Uso: Se ha utilizado en sectores como la salud y el comercio mino-

rista para mejorar la experiencia del cliente y monitorizar emociones.

5- Beyond Verbal

Sistema: Analiza las emociones vocales, interpretando el estado emocional de una persona a partir de su voz.

Uso: Sus aplicaciones incluyen la monitorización de la salud, atención al cliente y la mejora de asistentes virtuales.

Aplicaciones de la IA emocional: sanidad, atención al cliente y educación

Cada vez más empresas están adoptando la IA emocional para mejorar sus servicios e interactuar de manera más profunda con sus clientes. Esta tecnología permite personalizar las interacciones, comprender los sentimientos de los usuarios y mejorar su experiencia general, aumentando así el valor que proporcionan.

Además, la IA emocional ayuda a las empresas a comprender y respetar las diversas expresiones culturales, lo que fomenta la sensibilización sobre los matices culturales, promueve prácticas tradicionales y crea productos que resuenen con las comunidades locales.

La IA emocional en Salud

La IA emocional tiene el potencial de transformar la atención al paciente en entornos sanitarios. Según estudios, el 70% de los profesionales de la salud cree que la IA emocional puede mejorar el compromiso y la satisfacción de los pacientes (Jennings & Knapp, 2023). Algunas aplicaciones destacadas incluyen:

- **Monitorización de la salud mental**: La IA emocional puede analizar las interacciones de los pacientes, ya sea a través del habla o las expresiones faciales, para detectar signos de ansiedad, depresión o estrés. Esta información proporciona a los profesionales de salud mental datos valiosos para mejorar diagnósticos y planes de tratamiento.

- **Experiencia personalizada del paciente**: Conociendo el estado emocional de un paciente, los profesionales de salud pueden adaptar su enfoque y estilo de comunicación a las necesidades individuales. Esta atención personalizada mejora la satisfacción del paciente y la adherencia al tratamiento.

- **Telesalud y terapia virtual**: Durante las consultas en línea, la IA emocional ayuda a reconocer los sentimientos del paciente en videollamadas, lo que permite a terapeutas y médicos ofrecer el apoyo emocional adecuado, haciendo las sesiones de terapia más efectivas.

- **Análisis del comportamiento del paciente**: A través de dispositivos portátiles o aplicaciones móviles, la IA emocional puede estudiar patrones emocionales y cambios en el bienestar, ayudando a identificar pacientes en riesgo e intervenir de forma temprana.

- **Cumplimiento de la medicación**: La IA emocional puede monitorizar las respuestas y el compromiso emocional de los pacientes, identificando aquellos que podrían tener dificultades con la adherencia al tratamiento. La tecnología puede activar recordatorios o mensajes motivacionales adaptados al contexto emocional del paciente.

- **Mejorar la comunicación paciente-proveedor**: Estas herramientas pueden ofrecer información sobre el estado emocional del paciente, permitiendo a los profesionales ajustar sus estrategias de comunicación, lo que fomenta una relación más sólida y de confianza.

- **Formación y apoyo a los profesionales de salud**: La IA emocional puede utilizarse para capacitar a los profesionales en el reconocimiento y respuesta a las necesidades emocionales de los pacientes, desarrollando habilidades de empatía que son esenciales para una atención eficaz.
- **Análisis predictivo de resultados sanitarios**: Al combinar datos emocionales con otra información de salud, los sistemas pueden predecir resultados como reingresos hospitalarios o complicaciones, lo que permite prevenir problemas antes de que surjan.

La IA emocional en atención al cliente

La IA emocional está transformando la atención al cliente, permitiendo a las empresas comprender y reaccionar a las emociones de sus clientes. Esto crea interacciones más personales y atentas, mejorando la satisfacción y fidelidad del cliente. Algunas aplicaciones destacadas son:

- **Análisis de sentimientos**: La IA emocional examina mensajes de los clientes, como correos electrónicos y publicaciones en redes sociales, para entender sus emociones. Esto facilita que los representantes del servicio de atención al cliente respondan de manera más comprensiva y empática.
- **Experiencia del cliente personalizada**: Conociendo el estado emocional de un cliente, las empresas pueden adaptar las interacciones a sus necesidades individuales. Por ejemplo, si un cliente está frustrado, un representante puede abordar la conversación con un enfoque más tranquilizador.
- **Enrutamiento basado en emociones**: La IA emocional puede dirigir las consultas de clientes a representantes

adecuados según la emoción detectada. Por ejemplo, una llamada de un cliente molesto puede ser priorizada y dirigida a un especialista en gestión de crisis.

- **Asistentes virtuales y chatbots**: Esta tecnología se puede integrar en asistentes virtuales y chatbots, permitiéndoles reconocer y responder a las emociones del cliente, lo que mejora la experiencia y satisfacción en la asistencia automatizada.

- **Análisis de opiniones de clientes**: A través de encuestas y reseñas, la IA emocional puede recopilar información sobre las emociones asociadas a productos o servicios, lo que permite realizar mejoras e impulsar estrategias para mejorar la experiencia del cliente.

- **Atención al cliente proactiva**: Los sistemas de IA emocional pueden supervisar las interacciones con los clientes y detectar signos de frustración o insatisfacción. Esto permite a las empresas actuar de forma anticipada, contactando a los clientes afectados antes de que sus problemas se agraven.

- **Mejora de la formación del personal**: La IA emocional se puede utilizar para analizar las interacciones con los clientes, formando al personal de asistencia en el reconocimiento y gestión efectiva de las emociones. Las simulaciones de capacitación pueden ayudar a desarrollar habilidades blandas como la empatía y la resolución de conflictos, elevando la calidad general del servicio.

- **Análisis predictivo para la retención de clientes**: Mediante el análisis de señales emocionales, las empresas pueden identificar a los clientes que están en riesgo de darse de baja debido a experiencias emocionales negativas. Esto permite implementar estrategias específicas para retener a esos clientes y mejorar su lealtad.

- **Comprender las preferencias de los clientes**: La IA emocional puede ayudar a identificar las motivaciones subyacentes en las preferencias y comportamientos de los clientes. Esta comprensión puede impulsar estrategias de marketing personalizadas y mejorar las recomendaciones de productos, adaptadas a las respuestas emocionales individuales.

Aplicaciones de la IA emocional en Educación

La IA emocional ofrece numerosas aplicaciones en el ámbito educativo, desde la personalización de las experiencias de aprendizaje hasta la mejora de las relaciones entre profesores y alumnos. Al aprovechar los conocimientos emocionales, los educadores pueden crear entornos de apoyo y participación que fomenten el éxito y el bienestar de los estudiantes. A continuación, se describen algunos casos de uso notables:

- **Reconocimiento de emociones en el aula**: La IA emocional puede analizar las expresiones faciales y el lenguaje corporal de los alumnos para calibrar sus estados emocionales durante las clases. Esta información permite a los profesores identificar cuándo los estudiantes están confusos, aburridos o comprometidos, lo que les ayuda a ajustar sus métodos de enseñanza en consecuencia.
- **Experiencia de aprendizaje personalizada**: Al comprender las respuestas emocionales y los niveles de compromiso de cada alumno, las plataformas educativas pueden adaptar el contenido, el ritmo y las estrategias de enseñanza para satisfacer las necesidades y preferencias específicas de cada estudiante.
- **Información en tiempo real para educadores**: Las tecnologías de IA emocional pueden proporcionar a los

profesores información en tiempo real sobre la dinámica de la clase y las emociones de los alumnos, ayudándoles a gestionar el entorno del aula de manera más efectiva y a responder con prontitud a las necesidades emocionales de los estudiantes.

- **Entornos virtuales de aprendizaje:** En las modalidades de aprendizaje en línea, la IA emocional puede supervisar el compromiso y los estados emocionales de los alumnos a través de interacciones en vídeo. Estos datos ayudan a los educadores a identificar cuándo los alumnos pueden estar experimentando dificultades y ofrecerles apoyo o recursos para mejorar los resultados académicos.

- **Herramientas de aprendizaje socioemocional (SEL):** Las plataformas educativas pueden integrar la IA emocional para facilitar el aprendizaje socioemocional, ayudando a los alumnos a reconocer y gestionar sus emociones. Estas herramientas pueden proporcionar ejercicios, comentarios y estrategias para desarrollar la inteligencia emocional.

- **Experiencias de aprendizaje gamificadas:** La IA emocional puede mejorar las herramientas educativas gamificadas al adaptar los desafíos y recompensas según el compromiso emocional del jugador, aumentando la motivación y manteniendo a los alumnos involucrados en su proceso de aprendizaje.

- **Intervención temprana para alumnos en riesgo:** Al analizar señales emocionales y patrones de compromiso, los educadores pueden identificar a los estudiantes en riesgo de fracaso académico o problemas de salud mental. Esto permite ofrecer una intervención y apoyo oportunos para ayudar a estos alumnos a tener éxito.

- **Mejora de la comunicación con los padres:** La IA emocional puede ayudar a las escuelas a analizar los comentarios de los padres, detectando los tonos emocionales en sus comunicaciones. Esta comprensión puede servir de base para desarrollar mejores estrategias que fomenten la participación positiva de los padres en la educación de sus hijos.

- **Formación y desarrollo del profesorado:** La IA emocional puede facilitar el aprendizaje de habilidades emocionales en los profesores y ayudarles a comprender la importancia de los sentimientos en la gestión del aula y la interacción con los alumnos.

INTERACCIÓN HUMANO-COMPUTADORA

La creatividad es solo conectar cosas.

— STEVE JOBS

El campo de la Interacción Humano-Computadora (HCI) se centra en cómo las personas utilizan la tecnología. Su objetivo es crear interfaces fáciles de usar que ayuden a los usuarios a interactuar bien con las máquinas, permitiéndoles expresar su creatividad.

Al comprender cómo piensan y se comportan los usuarios, los diseñadores de HCI se esfuerzan por desarrollar herramientas que mejoren la creatividad, permitiendo a los individuos establecer conexiones entre sus pensamientos y el mundo digital. En este contexto, el acto de creatividad puede verse como una interacción donde las ideas innovadoras surgen no solo a través de la visión personal, sino también a través del uso efectivo de la tecnología, llevando a nuevas formas de conectar y crear.

Así que, después de repasar los sistemas de IA emocional en el capítulo anterior, hablemos ahora de HCI. De esta manera, podrás comprender cómo estos sistemas pueden mejorar la experiencia del usuario (UX) y facilitar una comunicación más intuitiva y efectiva entre humanos y máquinas.

PRINCIPIOS PSICOLÓGICOS DE HCI

HCI es un campo fascinante que se centra en cómo las personas interactúan con computadoras y otros dispositivos digitales. Esta área de estudio busca mejorar la relación entre los usuarios y la tecnología, haciéndola más eficiente y placentera.

El objetivo principal de HCI es comprender cómo se comportan las personas, qué sienten y qué necesitan al utilizar diferentes herramientas digitales. Esta información es muy útil para los diseñadores, permitiéndoles crear productos que funcionen bien y sean fáciles de usar.

El papel de los principios psicológicos en HCI

Los principios psicológicos incluyen la comprensión de procesos cognitivos como la percepción, la memoria y la resolución de problemas. Por ejemplo, al diseñar una interfaz, es importante considerar cómo perciben los usuarios la información. Los elementos visuales, como el color y el diseño, pueden afectar en gran medida la rapidez y facilidad con que los usuarios comprenden lo que ven en la pantalla. Los diseñadores a menudo se basan en teorías psicológicas establecidas para guiar sus decisiones. Un ejemplo son los principios de la Gestalt, que describen cómo las personas agrupan naturalmente los elementos visuales. Al aplicar estos principios, los diseñadores pueden crear interfaces que se sientan intuitivas para los usuarios.

Creando mejores interfaces y reduciendo la carga cognitiva

Para crear mejores interfaces, los diseñadores deben priorizar la experiencia del usuario (UX). Esto implica investigar para obtener información sobre el público objetivo. Una vez que los diseñadores comprenden mejor a sus usuarios, pueden diseñar la interfaz para satisfacer sus necesidades específicas.

Por ejemplo, si los datos muestran que los usuarios tienen dificultades para encontrar ciertas funciones, los diseñadores podrían simplificar la navegación o hacer que esas funciones sean más prominentes. Al abordar directamente los desafíos del usuario, el diseño se vuelve más efectivo y satisfactorio.

Aquí hay algunas formas en que puedes reducir la carga cognitiva:

Método	Descripción
Agrupación	Organiza la información en unidades o "trozos" más pequeños y manejables, facilitando su procesamiento y retención.
Simplificación	Elimina los elementos innecesarios o distracciones de la interfaz, enfocándose en lo que es esencial para llevar a cabo la tarea.
Coherencia	Mantén una disposición, terminología y elementos de diseño consistentes a lo largo de la aplicación para ayudar a los usuarios a aprender rápidamente.
Uso de elementos visuales	Incorpora diagramas, imágenes e infografías para transmitir la información de manera más eficaz que el texto por sí solo.
Divulgación progresiva	Presenta la información de forma escalonada, revelando solo los detalles necesarios para cada etapa y reduciendo así la sensación de agobio.

Navegación clara	Diseña menús de navegación intuitivos que permitan a los usuarios encontrar fácilmente lo que necesitan, evitando búsquedas excesivas.
Información y accesibilidad	Proporciona respuestas claras e inmediatas a las acciones de los usuarios para ayudarles a comprender los resultados de sus interacciones.
Formación previa y familiarización	Ofrece tutoriales o materiales introductorios que preparen a los usuarios antes de que se involucren con un sistema complejo.
Límite de opciones	Reduce el número de opciones presentadas en un momento dado para evitar la fatiga de decisión y simplificar el proceso de toma de decisiones.

Mejorando la UX

Mejorar la UX está en el núcleo de HCI. Una experiencia de usuario positiva puede conducir a una mayor satisfacción, aumento de la productividad y clientes que regresan. Una forma de mejorar la UX es a través del diseño centrado en el usuario. Este método pone al usuario primero en el proceso de diseño, asegurando que sus necesidades y preferencias sean priorizadas. Por ejemplo, los diseñadores a menudo crean personajes ficticios conocidos como "personas", que representan varios tipos de usuarios.

Por ejemplo, una persona podría ser "Sarah", una madre trabajadora ocupada que valora el acceso rápido y eficiente a la información. Al comprender los comportamientos y preferencias de Sarah, los diseñadores pueden tomar decisiones sólidas y bien fundamentadas que atiendan sus necesidades, como simplificar la navegación o mejorar la usabilidad en dispositivos móviles. Estas personas sirven como un marco orientador, ayudando a mantener la atención en lo que los usuarios realmente desean durante la fase de desarrollo.

Ejemplos de HCI en la vida cotidiana

HCI se puede ver en muchos aspectos de la vida cotidiana. Por ejemplo, piensa en cómo usamos los teléfonos inteligentes. La mayoría de las personas confían en sus teléfonos para numerosas tareas, desde enviar mensajes de texto y navegar por internet hasta gestionar sus calendarios. El diseño de las interfaces de los teléfonos inteligentes es importante para garantizar la facilidad de uso.

Según una encuesta, el 73% de las personas prefieren sitios web que funcionan bien en dispositivos móviles (Kowalski, 2021). Esto muestra cuán importante es que los sitios web sean fáciles de usar.

Funciones como pantallas táctiles y comandos de voz permiten a los usuarios interactuar con sus dispositivos de manera natural. Empresas como Apple y Google invierten fuertemente en la investigación de HCI para asegurarse de que sus dispositivos sean intuitivos y fáciles de usar.

Importancia de la inclusividad en el diseño

La inclusividad es otra consideración importante en HCI. Los diseñadores deben esforzarse por crear interfaces que se adapten a usuarios diversos, incluidos aquellos con discapacidades. Esto podría implicar implementar características como lectores de pantalla para usuarios con discapacidad visual o asegurar que la interfaz sea navegable por teclado para aquellos que no pueden usar un mouse.

Las pautas de accesibilidad son reglas creadas para ayudar a que sitios web, aplicaciones y contenido en línea sean fáciles de usar para personas con diferentes discapacidades. Las reglas más conocidas son las Pautas de Accesibilidad para el Contenido Web (WCAG), creadas por el Consorcio World Wide Web (W3C).

Aquí hay algunos aspectos clave de las pautas de accesibilidad:

Principio	Descripción
Perceptible	La información debe presentarse de manera que los usuarios puedan percibirla, incluyendo alternativas textuales para el contenido no textual y diseños adaptables.
Operable	Los componentes de la interfaz de usuario (IU) deben ser navegables por todos los usuarios, garantizando la accesibilidad mediante teclado y proporcionando tiempo suficiente para interactuar con el contenido.
Comprensible	El contenido y las operaciones de la interfaz de usuario deben ser claros y directos, utilizando un lenguaje sencillo y comportamientos predecibles.
Robusto	El contenido debe ser compatible con los agentes de usuario actuales y futuros, incluidas las tecnologías de asistencia, mediante el uso de HTML y CSS estándar.
Nivel A, AA, AAA	Las directrices WCAG se clasifican en tres niveles de conformidad, siendo el nivel AA la norma recomendada para la mayoría de los sitios web.

USABILIDAD Y UX EN SISTEMAS DE IA

Probar la usabilidad y la experiencia del usuario en sistemas de IA es importante. Cuando hablamos de usabilidad, nos referimos a cuán fácil y eficiente es para los usuarios interactuar con un sistema de IA. Un sistema que no es amigable puede causar frustración, errores y falta de confianza.

Por otro lado, la experiencia del usuario abarca los sentimientos y percepciones generales que un usuario tiene al interactuar con una IA. Esto incluye todo, desde cuán intuitiva es la interfaz hasta cuán bien la IA comprende las necesidades y preferencias del usuario.

La importancia de las pruebas de usabilidad

En los sistemas de inteligencia artificial (IA), las pruebas de usabilidad pueden ayudar a identificar problemas que los usuarios podrían enfrentar al interactuar con el software. Esto permite recopilar comentarios valiosos sobre cómo la IA se desempeña en situaciones del mundo real.

Por ejemplo, si un usuario tiene que pasar por múltiples pasos para obtener una respuesta simple de un chatbot de IA, esto puede ser un problema importante de usabilidad. Para llevar a cabo pruebas de usabilidad, las empresas a menudo utilizan métodos como entrevistas con usuarios u observar a los usuarios mientras interactúan con el sistema.

Una buena estrategia para las pruebas de usabilidad es involucrar a usuarios diversos en el proceso. Diferentes personas pueden tener distintos niveles de experiencia con la tecnología, lo que puede afectar la forma en que interactúan con la IA. Al incluir una gama de usuarios en la fase de pruebas, los desarrolladores pueden obtener información sobre problemas comunes y áreas de mejora. Después de observar a los usuarios, pueden categorizar los problemas que enfrentan y priorizar qué cuestiones abordar primero.

Métodos para pruebas

Se pueden utilizar varios métodos para evaluar tanto la usabilidad como la experiencia de usuario (UX) en sistemas de IA, que incluyen encuestas, pruebas de usabilidad y análisis, los cuales han demostrado mejorar la satisfacción del usuario. Aquí hay una recopilación de los métodos que puedes utilizar:

• **Pruebas A/B:** Implementa pruebas A/B para comparar diferentes versiones del sistema de IA o de sus características, determinando cuál versión tiene un mejor rendimiento en escenarios del mundo real.

• **Evaluación comparativa:** Compara el sistema de IA con modelos anteriores para ver si tiene un mejor rendimiento.

• **Auditorías de cumplimiento:** Asegúrate de que el sistema de IA cumpla con los estándares regulatorios y éticos, realizando auditorías para verificar el cumplimiento de políticas y directrices.

• **Análisis de costo-beneficio:** Evalúa el impacto económico de implementar el sistema de IA comparando los costos de implementación y mantenimiento con los beneficios que proporciona.

• **Análisis de errores:** Analiza los errores cometidos por el sistema de IA para entender sus limitaciones y áreas de mejora.

• **Explicabilidad e interpretabilidad:** Evalúa cuán comprensible es el proceso de toma de decisiones del sistema de IA para los usuarios y las partes interesadas, asegurando que pueda proporcionar explicaciones claras sobre sus resultados.

• **Estudios longitudinales:** Realiza estudios durante un período prolongado para evaluar cómo se desempeña el sistema de IA en entornos cambiantes y su efectividad a largo plazo.

• **Métricas de rendimiento:** Utiliza métricas cuantitativas como precisión, exactitud, recuperación, puntuación F1 y área bajo la curva (AUC-ROC) para evaluar qué tan bien cumple el modelo de IA con sus tareas.

• **Pruebas de robustez:** Evalúa la robustez del sistema de IA probándolo contra ejemplos adversariales o entradas inesperadas para ver cómo maneja casos límite.

• **Estudios con usuarios:** Lleva a cabo sesiones de pruebas con usuarios para recopilar comentarios cualitativos sobre cómo interactúan con el sistema de IA y evaluar su usabilidad.

Evaluaciones heurísticas

Las heurísticas de usabilidad son útiles en el diseño de interacción. Son pautas generales que evalúan las interfaces de usuario (IU). Estas reglas tienen un único objetivo: mejorar la experiencia del usuario (UX). Lo hacen asegurando que los diseños sean fáciles de usar, rápidos y efectivos. Al seguir estas reglas, los diseñadores pueden crear IU que satisfagan claramente las necesidades de los usuarios.

¿Qué son las heurísticas de usabilidad?

Las heurísticas de usabilidad son pautas destinadas a hacer que los productos sean más fáciles de usar. Son sugerencias, no reglas estrictas, que señalan partes importantes de cómo los usuarios interactúan con los diseños. Una directriz común es la visibilidad del estado del sistema. Esto significa que los usuarios deben saber siempre lo que está sucediendo en la pantalla.

Por ejemplo, cuando un usuario guarda un documento, debería aparecer un mensaje claro como "Guardando..." Este mensaje permite a los usuarios saber que su acción se está procesando, lo que ayuda a reducir sus preocupaciones acerca de si el sistema está funcionando.

El papel de la consistencia

Otra heurística de usabilidad importante es la consistencia. La consistencia se refiere a la idea de que acciones similares deberían producir resultados similares, lo que minimiza la confusión. Cuando un usuario interactúa con varios elementos de un diseño, espera una sensación de familiaridad. Esto significa que desea que botones o características similares se comporten de la misma manera en distintas partes de una aplicación.

Por ejemplo, si un botón de "Enviar" es verde en una área del sitio, también debería ser verde en todas las demás. Esta consistencia ayuda a crear familiaridad con la interfaz, facilitando la navegación sin necesidad de volver a aprender constantemente cómo funciona el diseño.

Prevención de errores

La prevención de errores es otro aspecto crítico de las heurísticas de usabilidad. Este principio enfatiza el diseño de interfaces que ayudan a evitar errores antes de que ocurran. Por ejemplo, cuando los usuarios completan un formulario en línea, el sistema puede ayudar a prevenir errores al verificar el formato de la entrada en tiempo real. Si un campo de correo electrónico requiere una estructura específica, como tener un símbolo "@", el sistema puede proporcionar retroalimentación inmediata cuando un usuario ingresa un formato incorrecto.

Control y libertad del usuario

Las heurísticas de usabilidad también promueven el control y la libertad del usuario. Este principio sugiere que los usuarios deben sentirse en control de sus interacciones con la interfaz. Proporcionar la opción de deshacer acciones o navegar de regreso a un estado anterior permite a los usuarios sentirse más seguros en sus decisiones.

Por ejemplo, si un usuario elimina accidentalmente un archivo, tener un botón de "Deshacer" puede evitar que entre en pánico. Dar a los usuarios esta libertad fomenta la exploración y la experimentación dentro del diseño.

Afordancias y significantes

Los afordancias y significantes juegan un papel esencial en las heurísticas de usabilidad. Una afordancia sugiere cómo se puede utilizar un objeto, mientras que un significante indica dónde debería realizarse la acción. Por ejemplo, un botón que parece estar elevado sugiere que puede ser presionado. Cuando los usuarios ven un botón que parece clicable, pueden entender de forma intuitiva que actuará.

IA Y PSICOLOGÍA SOCIAL

A medida que los sistemas de IA se vuelven más sofisticados a la hora de modelar el comportamiento humano, debemos preguntarnos: ¿Estamos creando herramientas que nos entienden, o espejos que simplemente reflejan nuestros propios prejuicios y limitaciones?

— JAMES MANYIKA ET AL.

Hablemos ahora de la inteligencia artificial (IA) y su relación con la psicología social. A medida que avanzamos y superamos el debate sobre la interacción entre el ser humano y el ordenador, podemos utilizar ese conocimiento para enriquecer nuestra comprensión de la psicología.

El papel de la IA en la psicología social no se limita a la mera observación; tiene el potencial de analizar grandes cantidades de datos para revelar patrones de comportamiento y actitudes de las que tal vez no seamos conscientes. Con el desarrollo de estas tecnologías, podríamos comprender mejor la dinámica del comportamiento de grupo, la formación de normas sociales y los entresijos de nuestras relaciones interpersonales, lo que, en última instancia, informaría cómo nos relacionamos entre nosotros.

PERCEPCIÓN SOCIAL E IA

Al abordar la percepción social y la IA, un concepto relevante que emerge es el antropomorfismo. Este término se refiere al acto de atribuir rasgos, emociones o intenciones humanas a entidades no humanas, como animales, objetos o máquinas, especialmente en el contexto de la tecnología y la IA.

IA similar a lo humano

A menudo, las personas encuentran más fácil relacionarse con un sistema de IA o una entidad robótica cuando presenta características similares a las humanas. Por ejemplo, en la serie "Marvel's Agents of S.H.I.E.L.D.", un sistema de IA conocido como IADA (Asistente Digital de Inteligencia Artificial) sirve como un claro ejemplo de antropomorfismo en la IA. IADA es presentada como una IA avanzada capaz de aprender y adaptarse, que posee una personalidad y expresiones emocionales parecidas a las humanas.

Las interacciones de IADA con personajes humanos resaltan la tendencia de las personas a atribuirle rasgos humanos, viéndola como algo más que un simple programa. Aunque esta historia es ficticia, ilustra el concepto del antropomorfismo. En realidad, el antropomorfismo es un fenómeno que ha existido desde hace mucho tiempo, incluso desde los años 60.

Cuatro grados de antropomorfismo

Según investigaciones sobre los grados de antropomorfismo, uno de los primeros y más significativos ejemplos en el ámbito de la informática es ELIZA, desarrollado en el MIT a mediados de los años 60 por Joseph Weizenbaum (Gibbons et al., 2023). ELIZA fue uno de los primeros programas de Procesamiento de Lenguaje Natural (PNL) que simulaba una conversación imitando las respuestas humanas a las entradas del usuario, lo que le permitía sentirse como si estuviera interactuando con una persona real.

Este fenómeno de dotar a las máquinas de cualidades humanas refleja tanto el potencial de la IA como la tendencia social a percibir la tecnología a través de una lente humana.

Existen cuatro grados de antropomorfismo:

GRADO DE ANTROPOMORFISMO	DESCRIPCIÓN	EJEMPLOS
Antropomorfismo básico (cortesía)	Esto implica atribuir a las máquinas rasgos humanos simples, como la amabilidad o la accesibilidad.	Un robot amistoso que saluda a los usuarios.
Antropomorfismo avanzado (refuerzo)	Este grado incluye atribuir a las máquinas características humanas más complejas, como la amabilidad y las emociones o rasgos de personalidad.	Un asistente virtual que muestre amabilidad y empatía.
Antropomorfismo complejo (juego de rol)	En este nivel, se considera que las máquinas tienen funciones sociales o relaciones similares a las de los humanos, como el compañerismo o la tutoría.	Un robot que sirva de entrenador personal de fitness.
Antropomorfismo intenso (compañerismo)	Este es el grado más alto, en el que se cree que las máquinas poseen plena conciencia o autoconciencia, lo que conduce a profundos vínculos emocionales e interacciones emocionales similares a las humanas.	Una IA muy avanzada capaz de mantener conversaciones profundas y prestar apoyo emocional.

Confianza y aceptación

Comprender el antropomorfismo es fundamental, ya que permite dotar a los personajes no humanos de cualidades humanas, lo que ayuda a los lectores a sentirse más identificados con ellos. Esto crea vínculos emocionales más fuertes, mejora la narrativa y nos permite explorar ideas complejas como la identidad y la existencia.

Cuando se trata de IA, es crucial crear un espacio donde los usuarios se sientan valorados. Muchas personas pueden encontrar difícil interactuar con la IA, por lo que es importante proporcionar información clara sobre lo que puede hacer, sus limitaciones y cómo puede ayudar a los usuarios. Además, los usuarios deben sentir que tienen control sobre sus interacciones. La oportunidad de compartir sus pensamientos puede fomentar la confianza.

El papel de la confianza en la IA

La confianza es un factor crítico para que las personas acepten y se comprometan con la IA. Si un usuario no confía en la IA, es poco probable que dependa de ella para obtener ayuda o tomar decisiones. Generar confianza implica varios aspectos clave:

- Transparencia: Si los usuarios comprenden cómo funciona la IA, qué datos utiliza y cómo toma decisiones, es más probable que se sientan cómodos utilizándola. Por ejemplo, una IA que explica su razonamiento al ofrecer una recomendación genera una sensación de confianza.
- Fiabilidad: Los usuarios necesitan ver que los sistemas de IA funcionan de manera consistente y correcta. Si una IA proporciona respuestas erróneas o falla en situaciones clave, los usuarios pueden perder la confianza. Para mejorar la fiabilidad, los desarrolladores deben centrarse en pruebas exhaustivas y en la mejora continua.

Aceptación de los sistemas de IA

La aceptación de los sistemas de IA está estrechamente ligada a la confianza. Aunque un usuario reconozca lo que la IA puede hacer, puede dudar en utilizarla si teme que amenace su trabajo o habilidades. Este temor es especialmente relevante en entornos laborales, donde la IA puede ser vista como una herramienta que ayuda o sustituye a los trabajadores humanos.

Por ejemplo, un miembro de un equipo puede sentirse incómodo al utilizar herramientas de IA si teme perder su empleo. En tales casos, una comunicación clara sobre la finalidad de la IA es crucial. Las organizaciones deben dejar claro que la IA está destinada a ser una herramienta que mejore los esfuerzos humanos, no a sustituirlos.

Además, proporcionar interfaces fáciles de usar puede contribuir significativamente a la aceptación. Los usuarios son más propensos a adoptar la IA si les resulta simple de utilizar. Diseños simplificados, instrucciones claras y asistencia receptiva pueden guiar a los nuevos usuarios en su experiencia con los sistemas de IA, aumentando su comodidad y aceptación.

La interacción entre confianza y aceptación

La relación entre confianza y aceptación de la IA es circular: una mayor confianza puede conducir a una mayor aceptación, y viceversa. Comprender esta dinámica es vital para desarrolladores y organizaciones que desean introducir tecnologías de IA.

Si los usuarios consideran que un sistema de IA es útil y fácil de usar, es probable que su confianza aumente. A su vez, al confiar en la IA, están más dispuestos a explorar sus funciones y capacidades.

Tomemos como ejemplo los coches autoconducidos desarrollados por Tesla. A medida que los usuarios ganan experiencia y ven las medidas de seguridad implementadas, podrían empezar a confiar más en la tecnología y, eventualmente, aceptarla en sus vidas.

Factores que influyen en la confianza y la aceptación

A continuación se presentan algunos factores clave que afectan la confianza y la aceptación de la IA:

- **Precisión:** El rendimiento y la fiabilidad de los resultados de la IA son fundamentales. Si la IA proporciona consistentemente resultados precisos y relevantes, aumentará la confianza.
- **Comunicación:** Una comunicación clara sobre las capacidades y limitaciones de la IA ayuda a establecer expectativas realistas y genera confianza.
- **Factores culturales:** Diferentes culturas pueden tener percepciones distintas sobre la tecnología y la confianza, lo que influye en cómo se recibe la IA.
- **Consideraciones éticas:** Las implicaciones éticas de la IA, como la imparcialidad, la parcialidad y los problemas de privacidad, pueden erosionar o aumentar la confianza. Las prácticas de diseño responsables son esenciales.
- **Supervisión humana:** La presencia de supervisión humana en las operaciones de IA puede aumentar la confianza. Los usuarios son más propensos a confiar en la IA cuando saben que los humanos tienen el control.
- **Regulación y normas:** Las directrices y políticas que rigen el uso de la IA pueden crear un marco que fortalezca la confianza. El cumplimiento de estas normas puede tranquilizar a los usuarios.
- **Reputación:** La credibilidad de la organización detrás de la IA afecta la confianza. Empresas consolidadas con

un historial de prácticas éticas tienden a generar más confianza.

- **Seguridad:** Asegurar la protección de los datos procesados por los sistemas de IA es vital. Los usuarios deben sentir que su información está segura.
- **Transparencia:** La capacidad de entender cómo los sistemas de IA toman decisiones es crucial. Si los usuarios pueden seguir el razonamiento detrás de las acciones de la IA, su confianza aumentará.
- **UX (Experiencia del Usuario):** Una interacción positiva con los sistemas de IA fomenta la confianza. Esto incluye interfaces intuitivas y una atención a las necesidades del usuario.

LA IA EN LOS MEDIOS SOCIALES Y LA COMUNICACIÓN

La inteligencia artificial (IA) se ha convertido en un componente clave del entorno online, especialmente en lo que se refiere a la recomendación de contenidos y la moderación de publicaciones. La recomendación de contenidos implica ofrecer a los usuarios artículos, vídeos o productos basándose en sus preferencias. Por otro lado, la moderación consiste en revisar el contenido para asegurarse de que cumple con las normas de la comunidad. La IA optimiza significativamente ambas áreas.

Por ejemplo, consideremos Twitch, una plataforma de streaming fundada en 2011. Esta utiliza el poder de la IA para recomendar retransmisiones y canales a los espectadores en función de su historial de visionado y preferencias.

Redes sociales impulsadas por la IA

Los sistemas de IA analizan cómo los usuarios interactúan en Internet para sugerirles contenidos que podrían interesarles. Cuando ves un vídeo en una plataforma de streaming, la IA evalúa tus hábitos de consumo: observa qué tipos de vídeos disfrutas, cuánto tiempo dedicas a ciertos contenidos y qué les gusta a otros usuarios con patrones similares. Con esta información, el sistema puede recomendarte nuevos vídeos.

Por ejemplo, si sueles ver documentales sobre la naturaleza, la IA te sugerirá contenidos similares. Si, en cambio, frecuentas documentales sobre asesinos en serie, podrías recibir recomendaciones de programas como *How to Get Away With Murder*.

Un aspecto destacado de la recomendación de contenidos es el filtrado colaborativo, que examina las preferencias de múltiples usuarios para identificar patrones. Si el Usuario A y el Usuario B ven contenidos similares, la IA puede sugerir al Usuario A materiales que el Usuario B ha encontrado interesantes. Este cruce de datos permite al sistema ampliar sus recomendaciones más allá del comportamiento individual, considerando una gama más amplia de contenidos.

La importancia de la moderación de contenidos

La moderación es otra área donde la IA desempeña un papel crucial. La cantidad abrumadora de contenido generado por los usuarios a diario dificulta que los moderadores humanos lo revisen todo. La IA puede marcar automáticamente el contenido inapropiado, como incitación al odio, violencia gráfica o material explícito, permitiendo que los moderadores humanos se concentren en decisiones más complejas.

Por ejemplo, si un vídeo publicado por un usuario contiene imágenes violentas, la IA puede detectarlo mediante el análisis de imágenes. Utiliza patrones aprendidos de bases de datos existentes para evaluar si el contenido infringe las directrices de la comunidad. Si es así, la IA puede marcarlo para su revisión o eliminarlo automáticamente, proporcionando un entorno más seguro para los usuarios.

Mejor UX con IA

La combinación de recomendación y moderación facilitada por la IA crea una experiencia de usuario (UX) superior. Cuando los usuarios reciben contenidos relevantes a sus intereses, es más probable que permanezcan más tiempo en la plataforma. A su vez, un entorno moderado genera una sensación de seguridad y comodidad al participar en el contenido.

Por lo tanto, las empresas que invierten en tecnologías de IA tanto para la recomendación como para la moderación están bien posicionadas para el éxito. Los usuarios valoran las plataformas que comprenden sus necesidades y les protegen de contenidos perjudiciales.

Impacto psicológico positivo

Cuando hablamos del impacto psicológico positivo, nos referimos a los beneficios que pueden surgir al fomentar y cuidar nuestro bienestar mental. Este impacto puede manifestarse en diversas áreas de nuestra vida, incluidas nuestras relaciones, el ámbito laboral y la felicidad general. Comprender esto puede guiarnos en la toma de decisiones que mejoren nuestra salud mental.

Una forma de promover un impacto psicológico positivo es a través de la gratitud, que implica reconocer y apreciar lo que tenemos en nuestras vidas. Este sencillo ejercicio puede transformar nuestro enfoque, desplazándolo de lo que nos falta a lo que abunda. Dedicar tiempo a reflexionar sobre los aspectos positivos de nuestra vida puede mejorar significativamente nuestro estado mental.

A continuación, exploraremos los efectos psicológicos positivos de la IA:

EFECTO PSICOLÓGICO POSITIVO	DESCRIPCIÓN	EJEMPLOS
Mayor accesibilidad	La IA puede proporcionar apoyo a las personas con discapacidad, fomentando la autoestima y la independencia.	Los asistentes activados por voz ayudan a navegar y realizar tareas a personas con discapacidad visual.
Mejor toma de decisiones	La IA puede analizar grandes cantidades de datos y proporcionar información útil para decisiones informadas en diversos aspectos de la vida.	Las aplicaciones de finanzas personales analizan patrones de gasto para ofrecer consejos presupuestarios.
Experiencias de aprendizaje personalizadas	La IA puede crear contenidos educativos a medida basados en estilos y ritmos de aprendizaje individuales, mejorando los resultados académicos.	Las plataformas de aprendizaje adaptativo ajustan el nivel de dificultad según el progreso del estudiante.
Mayor creatividad	Las herramientas de IA pueden ayudar a artistas y creadores proporcionándoles inspiración y aumentando las posibilidades creativas.	Programas de IA generan música o arte que los artistas pueden utilizar como base para sus obras.
Conocimientos basados en datos	La IA puede analizar el comportamiento y las preferencias, ayudando a los usuarios a adquirir autoconocimiento y fomentar el desarrollo personal.	Las aplicaciones de fitness sugieren rutinas de entrenamiento personalizadas basadas en los datos del usuario.

Efectos psicológicos negativos

Para mitigar los efectos psicológicos negativos de la IA, es vital cultivar una relación positiva con la tecnología. Es esencial aprender a utilizar la IA de forma que mejore nuestro bienestar en lugar de perjudicarlo.

He aquí los efectos psicológicos negativos de la IA:

EFECTO PSICOLÓGICO NEGATIVO	DESCRIPCIÓN	EJEMPLOS
Prejuicios y discriminación	La experiencia con sistemas de IA sesgados puede generar frustración, impotencia y desconfianza entre individuos y grupos.	Algoritmos de contratación que favorecen a ciertos grupos demográficos a expensas de otros.
Dependencia de la tecnología	Una dependencia excesiva de la IA puede disminuir el pensamiento crítico, la capacidad de resolver problemas y la toma de decisiones.	La dependencia excesiva del GPS para la navegación puede dificultar la conciencia espacial.
Erosión de la intimidad	La vigilancia constante y la recolección de datos mediante IA pueden generar ansiedad sobre la privacidad personal y una sensación de pérdida de control.	Preocupaciones sobre la venta o el uso indebido de datos personales por parte de aplicaciones.
Deterioro del procesamiento emocional	Confiar en la IA para el apoyo emocional puede obstaculizar el desarrollo de mecanismos saludables de afrontamiento y de inteligencia emocional.	Uso de chatbots para terapia en lugar de buscar ayuda de profesionales de la salud mental.
Ansiedad e inseguridad laboral	El temor a la pérdida de empleos debido a la automatización puede generar estrés y ansiedad, afectando la satisfacción laboral y el bienestar mental.	Los trabajadores del sector manufacturero temen despidos a causa de la automatización robótica.
Manipulación y desinformación	La propagación de información falsa generada por la IA puede causar confusión, desconfianza en las fuentes y ansiedad al discernir la verdad.	Los vídeos deepfake generan escepticismo sobre la autenticidad del contenido en los medios de comunicación.
Reducción de la interacción social	El uso de chatbots o asistentes virtuales puede resultar en menos comunicación cara a cara, facilitando sentimientos de soledad y aislamiento.	Sustitución de conversaciones con amigos por interacciones con asistentes virtuales.

	La interacción con la IA puede cuestionar la autoimagen de los individuos y afectar su autoestima, especialmente cuando se comparan con los resultados de la IA.	Usuarios que se sienten inadecuados al comparar sus habilidades con las actuaciones generadas por la IA.
Problemas de identidad y autoestima		

IMPACTO DE LA IA EN EL COMPORTAMIENTO Y LAS INTERACCIONES SOCIALES

La forma en que actuamos en situaciones sociales ha cambiado significativamente gracias a la inteligencia artificial (IA). Hoy en día, la IA está presente en muchas de nuestras actividades diarias, como el uso de redes sociales y dispositivos personales. A medida que incorporamos más IA en nuestras interacciones, también se transforma nuestro comportamiento y nuestras expectativas hacia los demás.

La IA en el trabajo colaborativo

La IA influye en el trabajo en equipo al facilitar la comunicación. Las herramientas de IA pueden resumir reuniones, resaltar información importante y ayudar a programar tareas. Por ejemplo, aplicaciones como Otter.ai y otros asistentes de reuniones basados en IA pueden transcribir conversaciones y proporcionar los puntos clave tras las discusiones. Esto permite a los miembros del equipo centrarse en el contenido de la reunión en lugar de tomar notas. Con esta tecnología, todos se mantienen informados y alineados con los objetivos del proyecto.

Crear conexiones más fuertes

Incluso en un entorno virtual, la IA puede contribuir a crear conexiones más sólidas entre los miembros del equipo. Las plataformas de colaboración social suelen incluir funciones que fomentan la cohesión del grupo. La IA puede sugerir actividades para la creación de equipos o crear espacios para conversaciones informales, lo que ayuda a los miembros a establecer amistad y confianza, aspectos fundamentales para un buen trabajo conjunto. Cuando los equipos se sienten conectados, se comunican mejor y logran más.

La IA y las normas sociales

A medida que la IA evoluciona, es crucial considerar las normas sociales que la rodean. Estas normas se refieren a los comportamientos y actitudes aceptados en una sociedad o grupo, como los saludos educados, la puntualidad, los códigos de vestimenta, los niveles adecuados de contacto físico y las expectativas sobre roles y responsabilidades familiares.

Las normas sociales dictan cómo interactúan los individuos entre sí y con la tecnología. En muchos sentidos, la IA puede moldear estas normas, así como estas normas pueden influir en el desarrollo y uso de la IA. Comprender las normas sociales relacionadas con la IA implica reconocer que las personas están profundamente influenciadas por la tecnología que utilizan.

UNA RELACIÓN BIDIRECCIONAL

> En el emergente panorama altamente programado
> que se avecina, o creas el software o tú serás el
> software. Es así de sencillo: Programa o serás
> programado.
>
> — DOUGLAS RUSHKOF

No podemos hablar de IA sin considerar la psicología. Cada vez que pedimos a la IA que realice una tarea, estamos solicitando que reproduzca de alguna manera el pensamiento y comportamiento humanos, lo cual sería imposible sin tener en cuenta la psicología humana. Sin embargo, su importancia rara vez se menciona en el discurso público sobre la IA, y esto es algo de lo que debemos ser conscientes. No solo la psicología humana afecta a la IA; también funciona en sentido contrario. Debemos ser conscientes de con qué estamos trabajando y cómo nos afecta. Como dijo Douglas Rushkoff: "Programar o ser programado".

Este fenómeno no se limita a la IA; es algo que debemos considerar con cada nuevo desarrollo que se generaliza y transforma nuestra forma de actuar. Necesitamos entender estos aspectos para comprendernos a nosotros mismos y cómo influyen en nuestro comportamiento. Escribí este libro con el deseo de abrir la puerta de la comprensión a más personas, y ahora que estás en este viaje, me gustaría pedirte ayuda para lograrlo.

Todo lo que tienes que hacer es dejar una breve reseña en Internet. Al dejar una reseña de este libro en Amazon, lo harás más visible para nuevos lectores que buscan ampliar su comprensión de la relación entre la IA y la psicología. Las reseñas facilitan que las personas encuentren la información que buscan y les permiten conocer las experiencias de otros lectores. Así que, aunque pueda parecerte algo insignificante, tus palabras marcarán una verdadera diferencia para hacer llegar esta información a más personas.

La IA está aquí para quedarse, y el futuro es apasionante. Sin embargo, para aprovechar al máximo su potencial, debemos comprender cómo se entrelaza con la psicología y entender la relación bidireccional que tenemos con ella.

Muchas gracias por tu apoyo. ¡Ahora, volvamos a los negocios!

Escanea el siguiente código QR

IMPLICACIONES ÉTICAS Y PSICOLÓGICAS DE LA IA

Espero que hayas disfrutado de nuestros debates en el capítulo anterior sobre la IA y sus implicaciones psicológicas. También espero que hayas aprendido lo que necesitabas saber, ya que nuestras discusiones fueron un punto de partida para el tema de este capítulo.

Para iniciar, quiero plantear un concepto relevante sobre las implicaciones éticas y psicológicas de la IA: el problema de los tres cuerpos, una idea significativa en física y astronomía.

A diferencia del más sencillo problema de los dos cuerpos, que se puede resolver fácilmente y permite predecir las órbitas de dos objetos, el problema de los tres cuerpos es mucho más complicado. La adición de un tercer cuerpo complica los cálculos volviéndolos impredecibles.

Para ilustrar esto en el contexto de la IA, podemos considerar la interacción entre los sistemas de IA, sus usuarios y las cuestiones éticas que surgen de estas interacciones. El problema de los tres cuerpos nos ayuda a entender las complejas relaciones entre lo que la IA puede hacer, lo que los usuarios desean y las normas éticas que se deben considerar. Así como tres planetas pueden moverse de forma inesperada debido a su atracción gravitatoria, la interacción entre la capacidad de la IA, las expectativas de los usuarios y los valores sociales puede llevar a resultados complejos y difíciles de prever.

A medida que estas interacciones evolucionan, se vuelve esencial ser abierto y responsable en términos éticos. Los usuarios deben ser conscientes de cómo sus acciones pueden afectar a los sistemas de IA, y los desarrolladores deben considerar el impacto ético de sus diseños. Este enfoque es fundamental para el uso responsable de la IA en la sociedad y destaca la necesidad de colaboración.

CONSIDERACIONES ÉTICAS EN EL DESARROLLO DE LA IA

Abordar el sesgo en los algoritmos de IA es una tarea crítica para muchos profesionales de la tecnología hoy en día. El sesgo puede surgir cuando los datos utilizados para entrenar estos algoritmos no son representativos del mundo real.

Sesgo y equidad

Para entender mejor cómo abordar el sesgo en la IA, podemos desglosar el proceso en varios pasos principales.

Aquí están los diferentes tipos de sesgos:

Tipo de sesgo	Descripción	Ejemplos concretos
Sesgo de confirmación	La IA se centra en los datos que respaldan sus pautas existentes e ignora los que las contradicen.	Un modelo de IA entrenado con datos sesgados refuerza estereotipos.
Sesgo de anclaje	La IA otorga demasiada importancia a los primeros datos que procesa al hacer predicciones o tomar decisiones.	Un modelo de IA ajusta sus predicciones basándose principalmente en los datos de entrenamiento iniciales.

Sesgo retrospectivo	La IA cree que podría haber predicho los resultados después de que estos ocurren.	Tras un desplome del mercado, una IA afirma que habría detectado las señales.
Sesgo interesado	La IA destaca sus predicciones acertadas mientras minimiza o ignora sus errores.	Una IA resalta altos índices de precisión mientras ignora los casos mal clasificados.
Pensamiento de grupo	Los sistemas de IA influenciados por algoritmos similares pueden converger en las mismas soluciones.	Diferentes modelos de IA proporcionan la misma recomendación errónea.
Sesgo de disponibilidad	La IA da prioridad a hallazgos o datos que son fácilmente accesibles.	Un modelo de IA se basa en gran medida en fuentes de datos populares, ignorando los casos raros.
Sesgo de exceso de confianza	La IA se vuelve excesivamente confiada en sus predicciones.	Una IA afirma un índice de precisión del 95% sin validarlo con nuevos datos.
Sesgo de statu quo	La IA puede resistirse a cambios en sus algoritmos o entradas de datos.	Una IA se niega a adaptar su modelo a pesar de la disponibilidad de nuevos algoritmos mejorados.
Efecto Bandwagon	La IA replica tendencias populares en datos y decisiones.	Un modelo de IA adopta sin escrutinio un algoritmo ampliamente utilizado pero defectuoso.

Cómo ser justo

Es importante ser justos en nuestras decisiones, incluso cuando los sesgos pueden afectarnos. Estudios han demostrado que las personas que tratan a los demás de manera justa pueden lograr resultados mucho mejores.

A la luz de esto, se puede decir lo mismo sobre la equidad al trabajar con sistemas de IA.

Aquí tienes algunas cosas que puedes hacer para ser justo:

1. **Realiza evaluaciones de impacto:** Antes de desplegar sistemas de IA, evalúa su impacto potencial en diversos grupos, asegurándote de que ningún grupo resulte injustamente desfavorecido.

2. **Diversifica los datos de entrenamiento:** Asegúrate de que los datos utilizados para entrenar los modelos de IA provengan de una amplia gama de fuentes y grupos demográficos, reduciendo así el sesgo.

3. **Participa en el desarrollo colaborativo:** Trabaja con las organizaciones y comunidades afectadas por las decisiones de IA para co-crear soluciones, integrando sus necesidades y perspectivas.

4. **Incorpora iniciativas de IA para el bien:** Participa activamente en proyectos que utilicen la IA para abordar problemas sociales, asegurando que los avances tecnológicos estén alineados con los beneficios sociales.

5. **Fomenta comunidades éticas de IA:** Apoya y participa en comunidades que se centren en las prácticas éticas de la IA, compartiendo conocimientos y mejores prácticas para avanzar en la equidad de forma colectiva.

6. **Audita periódicamente los algoritmos:** Realiza auditorías frecuentes de los sistemas de IA para identificar y abordar sesgos, garantizando que las decisiones sigan siendo justas a lo largo del tiempo.

7. **Utiliza métricas de imparcialidad:** Implementa métricas específicas para medir la imparcialidad en los resultados de la IA y ajusta los algoritmos según sea necesario para mejorar los resultados.

Responsabilidad y transparencia

La rendición de cuentas es crucial en la toma de decisiones. Ser responsable implica asumir la responsabilidad de las acciones y resultados derivados de estas.

Desde un punto de vista técnico, los desarrolladores y las organizaciones deben ser responsables del comportamiento y resultados generados por sus algoritmos. Deben asegurarse de que la gente entienda cómo los sistemas de IA toman decisiones y ser conscientes de los posibles sesgos en los datos utilizados para entrenar estos sistemas.

Al tomar una decisión, grande o pequeña, ser responsable significa estar preparado para afrontar las consecuencias. No se trata solo de admitir lo que hiciste, sino también de considerar cómo tus decisiones afectan a las personas y al mundo que te rodea.

IMPACTO PSICOLÓGICO DE LA IA EN EL EMPLEO Y LA SOCIEDAD

A menudo se habla de los avances tecnológicos de la IA, pero también es fundamental comprender cómo estos avances impactan nuestra salud psicológica y las estructuras sociales.

Para muchas personas, la introducción de la IA en los lugares de trabajo puede generar ansiedad e incertidumbre respecto a la seguridad laboral y el futuro de sus roles. A medida que las empresas automatizan cada vez más tareas, los empleados temen que sus habilidades se vuelvan obsoletas o que sean reemplazados por tecnología avanzada.

Desplazamiento y transformación del empleo

El auge de la IA es un arma de doble filo que ha transformado muchos aspectos de nuestra vida y trabajo. Aquí hay ejemplos de sus características contradictorias:

- **Eficiencia vs. pérdida de empleo:** La IA puede hacer que las cosas funcionen más rápido, pero también puede eliminar puestos de trabajo.
- **Mejores decisiones vs. parcialidad:** La IA puede facilitar decisiones más inteligentes, pero si se entrena con datos sesgados, puede tratar injustamente a algunas personas.

- **Innovación vs. ética:** La IA puede impulsar la innovación, pero también debe considerarse su impacto ético en la sociedad.
- **Innovación frente a ética**: La IA puede crear cosas nuevas y geniales, pero también suscita preocupaciones sobre la privacidad y el mal uso que se puede hacer de ella.
- **Personalización frente a privacidad**: La IA puede ofrecernos experiencias personalizadas, pero necesita muchos de nuestros datos, lo que puede plantear problemas de privacidad.
- **Competencia frente a tensiones**: Los países y las empresas quieren ser los mejores en IA, lo que puede conducir al progreso, pero también puede crear conflictos entre los que tienen y los que no tienen acceso a la tecnología.

Adaptación al cambio

La presión de perder puestos de trabajo a manos de la IA plantea cuestiones importantes sobre cómo pueden adaptarse los individuos y la sociedad a estos cambios. Los trabajadores tienen que invertir en su educación y sus capacidades.

La mejora de las cualificaciones, o el aprendizaje de nuevas habilidades que sean más relevantes en el mercado laboral, puede ayudar a las personas a seguir siendo competitivas. Esto puede implicar seguir formándose, asistir a talleres o incluso hacer cursos online. Una encuesta reciente reveló que más del 70% de los empleados creen que la mejora de las competencias es esencial para su promoción profesional y su seguridad laboral (Brower, 2022).

Un enfoque útil es centrarse en las habilidades que la IA no puede reproducir fácilmente.

Estas son las habilidades que necesitas:

Habilidad	Explicación	Ejemplo
Inteligencia emocional	La capacidad de reconocer, comprender y gestionar las emociones en uno mismo y en los demás, fomentando la empatía y las conexiones interpersonales.	Un directivo resuelve un conflicto en su equipo comprendiendo los sentimientos de cada miembro.
Creatividad	La capacidad de generar ideas, conceptos o soluciones originales, imaginativas e innovadoras, que a menudo requieren intuición humana y narración de historias.	Un artista crea una obra de arte única que cuenta una historia personal.
Pensamiento crítico	La habilidad para analizar información, evaluar argumentos y tomar decisiones informadas, integrando el contexto y la experiencia humana.	Un científico diseña un experimento basándose en datos cuidadosamente evaluados.
Intuición	La capacidad de comprender algo inmediatamente, sin necesidad de razonamiento consciente, basándose en intuiciones y experiencias personales.	Un chef intuye que un plato necesita más condimento sin medirlo.
Juicio moral	La capacidad de tomar decisiones éticas basadas en complejos valores sociales, sentimientos y concepciones culturales, implicando razonamientos y creencias subjetivas.	Un abogado elige defender a un cliente basándose en su creencia en la justicia, a pesar de los prejuicios sociales.

Convertirse en versátil

Una de las formas de prepararse para la evolución del mercado laboral es volverse versátil. Diversificar el conjunto de habilidades puede abrir nuevas oportunidades. Por ejemplo, una persona con formación en marketing puede aprender análisis de datos para mejorar su empleabilidad. También puede explorar estrategias de marketing digital que aprovechen las herramientas de IA o dominar aspectos de la ciberseguridad.

Cambio social

La influencia de la IA es evidente en cómo cambian los valores con el tiempo. Con el auge de los contenidos generados por IA, hay un debate creciente sobre la importancia de la originalidad, sacando a relucir cuestiones sobre la creatividad y la autenticidad. Por ejemplo, si una IA puede producir música que suene indistinguible de la de un artista humano, ¿qué implica esto para los músicos tradicionales? Los valores asociados a la creatividad, la pericia y el trabajo arduo podrían evolucionar drásticamente a medida que la IA se imponga en diversos ámbitos artísticos.

LA INTELIGENCIA ARTIFICIAL Y LA PRIVACIDAD

Muchas empresas utilizan la IA para gestionar grandes cantidades de datos personales. Un estudio indica que el 80% de las organizaciones emplean tecnologías de IA para mejorar sus capacidades de gestión de datos (Vena Solutions, 2024). Por ejemplo, Salesforce utiliza la IA a través de su plataforma Einstein para analizar datos de clientes y proporcionar perspectivas personalizadas. Esto plantea cuestiones importantes sobre cómo se utiliza, almacena y protege esta información.

Privacidad de los datos

Es fundamental entender qué son los datos personales. Estos incluyen nombres, direcciones de correo electrónico, números de teléfono e incluso datos biométricos, como las huellas dactilares. Ser consciente de lo que constituye datos personales ayuda a manejar y proteger esta información adecuadamente. Una práctica recomendada es la minimización de datos, que implica recoger solo la información necesaria.

Algunas técnicas de minimización de datos que debes conocer incluyen:

- **Controles de acceso:** Restringe el acceso a los datos solo a aquellas personas o sistemas que lo necesiten para los fines previstos.
- **Limitación de la recogida de datos:** Recoge únicamente los datos esenciales para cumplir una finalidad específica, evitando información adicional innecesaria.
- **Encriptación:** Utiliza técnicas de encriptación para proteger la información sensible, tanto en reposo como en tránsito, minimizando el riesgo de acceso no autorizado.
- **Limitación de la finalidad:** Asegúrate de que los datos se recojan únicamente para fines legítimos y no se utilicen para actividades no relacionadas.
- **Auditorías y evaluaciones periódicas:** Realiza revisiones de las prácticas de manejo de datos para garantizar el cumplimiento de los principios de minimización e identificar áreas de mejora.

Vigilancia de la IA y consentimiento

La vigilancia mediante IA está cada vez más presente en nuestra vida cotidiana, lo que plantea numerosas cuestiones éticas que pueden afectar nuestra privacidad y libertades. Es importante conocer estas cuestiones para comprender el contexto en el que vivimos.

Invasión de la privacidad

Un problema ético significativo de la vigilancia por IA es la violación de la privacidad de las personas. Cuando estos sistemas están activados, muchas personas no son conscientes de que están siendo vigiladas, lo que puede generar inquietud. Por ejemplo, las cámaras de CCTV equipadas con IA pueden reconocer rostros, rastrear individuos e incluso analizar comportamientos. Aunque estas tecnologías pueden contribuir a la reducción de la delincuencia, también pueden invadir la privacidad de personas inocentes que simplemente llevan a cabo su vida diaria.

Recogida de datos y consentimiento

Otra preocupación ética es la recogida de datos sin el consentimiento explícito de las personas. Muchos sistemas de vigilancia por IA recopilan grandes cantidades de datos del público, a menudo sin informar a los vigilados. Por ejemplo, Clearview AI ha sido criticada por extraer imágenes de redes sociales y otros sitios públicos para crear una base de datos masiva de rostros, que las fuerzas de seguridad han utilizado para identificar sospechosos. Sin embargo, esto plantea serias cuestiones éticas, ya que las personas cuyas imágenes se recopilaron no sabían que se estaban utilizando para fines de vigilancia, lo que vulnera su derecho a la privacidad.

La falta de un consentimiento claro suscita dudas sobre a quién pertenecen estos datos y cómo pueden utilizarse, que incluyen grabaciones de video, actividad en redes sociales e incluso el seguimiento de la ubicación a través de dispositivos móviles.

Falsos positivos y errores

Los sistemas de IA no son infalibles, y su falta de precisión puede tener graves implicaciones éticas. La vigilancia basada en IA puede generar falsos positivos, lo que significa que las personas pueden ser identificadas erróneamente como sospechosas o delincuentes. Si un sistema de vigilancia identifica erróneamente a alguien por sus rasgos faciales o comportamiento, esa persona podría ser objeto de un escrutinio injustificado por parte de las fuerzas del orden o el público. Esto plantea cuestiones fundamentales sobre la responsabilidad y a quién se debe señalar cuando estas tecnologías fallan.

Efecto amedrentador sobre la libertad

La vigilancia mediante IA puede tener un efecto amedrentador sobre la libertad de expresión y reunión. Cuando las personas saben que están siendo observadas, es menos probable que expresen sus opiniones, participen en protestas públicas o se involucren en otras formas de interacción social. Esto puede sofocar la disidencia y obstaculizar los procesos democráticos.

Un ejemplo de esto es el activismo en torno a Black Lives Matter (BLM), que ha sido objeto de un escrutinio riguroso por parte de las fuerzas del orden. Durante una manifestación de BLM, el uso de tecnologías avanzadas de vigilancia para monitorear las protestas y concentraciones generó preocupación y rechazo.

La conciencia de ser vigilado puede llevar a las personas a dudar a la hora de compartir sus pensamientos, unirse a protestas o interactuar con otros. Esto no solo reduce la expresión de desacuerdo, sino que también limita las actividades democráticas, ya que los activistas pueden sentirse intimidados por las posibles consecuencias de su participación en estos movimientos.

LA IA EN TERAPIA Y SALUD MENTAL

La inteligencia artificial (IA) también está comenzando a tener un impacto significativo en la salud mental. Tras haber explorado las implicaciones éticas y psicológicas de la IA, ahora nos adentraremos en su aplicación en el ámbito de la salud mental.

Como introducción a este capítulo, hablaremos de Ginger, una plataforma de salud mental a la carta con sede en California. Ginger ofrece servicios como coaching por chat, recursos de autocuidado y videoterapia para personas que necesitan apoyo en su bienestar mental. En 2021, Ginger se fusionó con Headspace, una empresa californiana que promueve la meditación y la atención plena, en un acuerdo de 3,000 millones de dólares (Forrester, 2021). Esta fusión facilitó el acceso a la ayuda, haciendo que buscar apoyo fuese menos complicado. Según un estudio de Statista, el 56% de los adultos encuestados reconoció necesitar ayuda para su salud mental (Vancar, 2023). Sin embargo, es preocupante que muchas de estas personas no busquen el apoyo que necesitan.

Con esto en mente, exploraremos otros avances fascinantes en terapia y salud mental a lo largo de este capítulo.

INTERVENCIONES TERAPÉUTICAS IMPULSADAS POR LA IA

La IA está desempeñando un papel cada vez más importante en la terapia y el asesoramiento. Según un informe, se prevé que el mercado mundial de la IA en el sector sanitario alcance los 34,000 millones de dólares en 2025, lo que indica una creciente dependencia de soluciones impulsadas por la tecnología (Brown, 2018). Este crecimiento refleja cómo la IA puede mejorar los servicios de salud mental, ofreciendo herramientas para terapia personalizada, seguimiento en tiempo real y un acceso más sencillo para quienes buscan apoyo. Mediante el uso de la IA, los profesionales pueden aprovechar datos para crear planes de tratamiento más efectivos, lo que se traduce en mejores resultados para los pacientes y un sistema de salud más eficiente.

Terapeutas virtuales y chatbots

Una de las principales ventajas de la IA en la terapia es la accesibilidad. Muchas personas viven en áreas donde no hay terapeutas disponibles o tienen agendas muy ocupadas que dificultan asistir a sesiones regulares. La IA puede ayudar a salvar estas barreras, ofreciendo apoyo constante.

Conectar a los usuarios con terapeutas humanos

Si bien las herramientas de IA son útiles, no pueden reemplazar el toque humano en la terapia. Si un chatbot detecta que un usuario está experimentando angustia grave, puede recomendarle que busque ayuda de un profesional. Esta conexión es vital porque, aunque la IA puede brindar apoyo, no está preparada para manejar todas las situaciones. Un ejemplo es Woebot Health, una empresa que se especializa en tecnología de salud mental, principalmente a través de agentes conversacionales o chatbots. Su producto estrella, Woebot, utiliza principios de la terapia cognitivo-conductual (TCC) para guiar a los usuarios en conversaciones sobre sus sentimientos, pensamientos y comportamientos. Woebot está disponible las 24 horas del día, los 7 días de la semana, ofreciendo a los usuarios una forma anónima y accesible de hablar sobre su salud mental. Ayuda a realizar un seguimiento del estado de ánimo, proporciona estrategias de afrontamiento y ofrece psicoeducación para comprender mejor sus problemas.

Superar el estigma con la ayuda de la IA

El estigma asociado a la salud mental impide que muchas personas busquen ayuda. Las herramientas de IA pueden derribar algunas de estas barreras al ofrecer apoyo anónimo, permitiendo que las personas se sientan más cómodas al expresar sus pensamientos y emociones sin miedo al juicio.

LA IA EN EL DIAGNÓSTICO

Una de las aplicaciones más prometedoras de la IA es su uso en el diagnóstico de trastornos mentales, lo que podría transformar la asistencia sanitaria mental, haciéndola más efectiva y accesible.

Cómo puede ayudar la IA a diagnosticar enfermedades mentales

La IA tiene la capacidad de analizar grandes cantidades de datos a una velocidad incomparable. En el ámbito de la salud mental, esto significa que puede examinar historiales médicos, encuestas e incluso interacciones en redes sociales para identificar patrones que sugieran problemas de salud mental. Por ejemplo, si alguien publica frecuentemente sobre sentirse ansioso o deprimido, un sistema de IA puede identificar estas tendencias a lo largo del tiempo, ayudando a los profesionales a ofrecer un enfoque de tratamiento más personalizado.

La importancia de las herramientas psicométricas

Las pruebas psicométricas, que evalúan capacidades mentales y estilos de comportamiento, son fundamentales en salud mental. La IA puede mejorar estas herramientas proporcionando una evaluación más objetiva. Por ejemplo, una aplicación basada en IA podría administrar cuestionarios adaptativos en función de respuestas anteriores. La Escala de Estrés Percibido (PSS), creada por Sheldon Cohen, es una herramienta popular para medir los niveles de estrés percibido, centrando su atención en la percepción subjetiva del estrés más que en los eventos en sí.

CHATBOTS

Al igual que Woebot, otros chatbots de salud mental utilizan programas informáticos diseñados para simular conversaciones con los usuarios. Estos chatbots están específicamente orientados a brindar apoyo a personas que enfrentan problemas de salud mental.

Diseño y funcionalidad

Un diseño eficaz en los chatbots de salud mental es crucial, ya que influye en cómo se sienten los usuarios al interactuar con ellos. Estos chatbots proporcionan apoyo, información útil y un espacio seguro para que los usuarios expresen sus emociones. Crear un buen chatbot de salud mental requiere una planificación cuidadosa y una comprensión profunda de las necesidades del usuario.

Comprender las necesidades del usuario

El primer paso para desarrollar un chatbot de salud mental efectivo es comprender las necesidades de los usuarios. Esto implica identificar qué buscan: ayuda inmediata, seguimiento de sus emociones o acceso a información relevante. Por ejemplo, una persona que se sienta ansiosa puede necesitar ejercicios de respiración rápida o recordatorios para tomarse pausas durante el día.

Diseñar el flujo conversacional

Crear un flujo de conversación eficaz es fundamental para la interacción del usuario. El chatbot debe ser capaz de guiar a los usuarios a través de distintos temas sin causar confusión. Por ejemplo, si un usuario menciona que se siente triste, el chatbot podría responder preguntándole si desea hablar sobre ello o brindarle estrategias de afrontamiento. Diseñar diferentes caminos para las conversaciones asegura que los usuarios no se sientan perdidos o frustrados. Herramientas como los diagramas de flujo pueden ayudar a visualizar cómo podrían desarrollarse las interacciones según las respuestas de los usuarios.

Implementar un lenguaje amigable y de apoyo

El lenguaje utilizado por un chatbot de salud mental es clave. Debe ser cálido, comprensivo y libre de prejuicios. Un lenguaje sencillo y amigable hace que los usuarios se sientan cómodos compartiendo sus pensamientos. Por ejemplo, en lugar de decir "No deberías sentirte así", el chatbot podría responder: "Está bien sentirse así; muchas personas lo experimentan". Este pequeño cambio puede hacer una gran diferencia en la forma en que los usuarios perciben la conversación. Es importante asegurarse de que las respuestas sean positivas pero realistas, animando a los usuarios a seguir interactuando con el chatbot.

Proporcionar recursos en caso de crisis

Aunque los chatbots pueden ofrecer un apoyo valioso, no pueden reemplazar la intervención humana en situaciones graves. Es esencial incluir información clara sobre recursos en caso de crisis. Esto podría implicar dirigir a los usuarios a líneas de ayuda o contactos de emergencia cuando sea necesario. Por ejemplo, si un usuario expresa pensamientos de autolesión, el chatbot debería proporcionar inmediatamente un contacto para una línea de crisis, asegurando que el usuario reciba ayuda urgente.

Eficacia y aceptación

Para evaluar un chatbot, es fundamental entender qué significa ser eficaz en este contexto. La eficacia se refiere a la capacidad del chatbot para cumplir sus funciones previstas, como proporcionar información precisa, gestionar consultas de usuarios y mejorar la experiencia general de usuario (UX).

Precisión de la respuesta

Es crucial evaluar la precisión de las respuestas del chatbot. Los usuarios esperan respuestas claras y correctas. Si el chatbot ofrece información incorrecta o ambigua, puede minar la confianza en el servicio. Una forma de medir la precisión es comparar las respuestas del chatbot con un conjunto de respuestas verificadas. Por ejemplo, si un cliente pregunta por el horario de una tienda, espera una respuesta concreta. Responder con algo vago como "Abrimos en algún momento de la tarde" no sería satisfactorio. Realizar un seguimiento del porcentaje de respuestas precisas ayuda a medir la efectividad del chatbot a lo largo del tiempo.

Satisfacción del usuario

La satisfacción del usuario es otro componente crítico para evaluar la eficacia de un chatbot. Las encuestas pueden ser útiles para medir las experiencias de los usuarios. Después de interactuar con el chatbot, se puede solicitar a los usuarios que valoren su nivel de satisfacción en una escala del 1 al 5. Este feedback proporciona información valiosa sobre las fortalezas del chatbot y áreas que requieren mejoras.

Gestión de la complejidad

Los chatbots deben ser capaces de manejar consultas complejas, no solo preguntas simples. Un chatbot eficaz debe gestionar situaciones más matizadas. Por ejemplo, si un usuario tiene un problema con un pedido, el chatbot debe hacer preguntas para comprender mejor la situación, recabando detalles específicos como el número de pedido o la naturaleza del problema. Evaluar cómo un chatbot maneja estos escenarios puede brindar información valiosa sobre sus capacidades, y mejorar en este aspecto a menudo implica actualizaciones continuas en su programación y aprendizaje.

Tiempo de respuesta

El tiempo de respuesta es otro factor clave para la satisfacción del usuario. Los usuarios esperan respuestas rápidas, por lo que es esencial evaluar la velocidad con la que el chatbot responde a las consultas. Los retrasos pueden causar frustración y afectar la experiencia del usuario. Medir el tiempo promedio de respuesta puede ayudar a las organizaciones a identificar problemas de rendimiento. Si el chatbot tarda demasiado en responder, podría ser necesario optimizarlo para asegurar que los usuarios reciban respuestas de manera rápida.

Conocimiento del contexto

Un chatbot efectivo debe comprender no solo las palabras individuales, sino el contexto general de la conversación. Evaluar su capacidad para captar el contexto puede implicar someterlo a escenarios de prueba complejos para ver si puede seguir el hilo de la conversación a pesar de cambios en los temas o preguntas. Por ejemplo, si un usuario menciona un problema técnico y más tarde pregunta por los pasos para resolverlo, el chatbot debe comprender que ambas interacciones están relacionadas, en lugar de tratar la nueva pregunta como una consulta separada.

IA PARA EL SEGUIMIENTO Y APOYO DE LA SALUD MENTAL

Las herramientas de IA pueden analizar datos personales y ofrecer perspectivas que podrían no ser evidentes a simple vista. Pueden detectar cambios en el estado de ánimo o comportamiento a lo largo del tiempo, proporcionando una visión más clara del bienestar mental. Por ejemplo, algunas aplicaciones permiten a los usuarios registrar sus emociones y actividades, utilizando algoritmos para generar información personalizada y sugerir estrategias de afrontamiento basadas en los datos proporcionados.

Seguimiento continuo

Hacer un seguimiento de la salud mental es esencial para el bienestar general. Ayuda a identificar cómo varían los sentimientos y comportamientos a lo largo del tiempo, permitiendo detectar signos de estrés, ansiedad o tristeza. Este conocimiento puede ser clave para tomar medidas que ayuden a gestionar mejor estos sentimientos.

Existen diversas aplicaciones y plataformas basadas en IA que facilitan el seguimiento de la salud mental. Entre las más populares se encuentran Moodtrack Diary y Daylio, que permiten a los usuarios registrar diariamente su estado de ánimo, identificar desencadenantes y anotar actividades. Con el tiempo, estas aplicaciones ofrecen información basada en los datos ingresados, y algunas incluso incorporan chatbots de IA que conversan con los usuarios sobre sus sentimientos, brindando apoyo inmediato. Otras opciones ofrecen estrategias de meditación o relajación personalizadas según los estados de ánimo registrados.

Consejos para un seguimiento eficaz de la salud mental

Para sacar el máximo provecho al seguimiento de la salud mental con herramientas de IA, es útil tener en cuenta algunos consejos. Si resulta difícil identificar emociones, se puede recurrir a indicaciones o preguntas para guiar el registro.

Reconocer patrones y hacer cambios

Al realizar un seguimiento continuo de la salud mental, es importante prestar atención a los patrones que surjan en el estado de ánimo, niveles de energía y desencadenantes de estrés. Descuidar estos aspectos puede llevar a una falta de conciencia sobre el bienestar emocional, haciendo que se pasen por alto cambios significativos.

Por ejemplo, registrar regularmente los sentimientos en un diario o utilizar una aplicación puede ayudar a identificar fluctuaciones relacionadas con ciertos eventos o interacciones. Cuanto más se involucre en este proceso reflexivo, mayor será la comprensión del paisaje emocional y la influencia de factores externos.

Puede que se observe un aumento del estrés durante los plazos de entrega en el trabajo, especialmente cuando se acumulan múltiples tareas o hay una sensación de falta de preparación. Al identificar esta conexión, se pueden explorar técnicas como la gestión del tiempo, la priorización de tareas o la práctica de la atención plena para aliviar el estrés y mejorar la productividad durante esos períodos de alta demanda.

SISTEMAS DE APOYO

Los sistemas de apoyo funcionan como redes de seguridad. Ante situaciones difíciles como la pérdida de empleo, la ruptura de una relación o problemas de salud, contar con personas cercanas puede marcar una gran diferencia. Es importante reconocer que todos enfrentan momentos complicados, y poder hablar sobre estos temas reduce la sensación de soledad.

Apoyo emocional

Un aspecto fundamental de un sistema de apoyo es el respaldo emocional. Este tipo de apoyo permite a las personas sentirse comprendidas y cuidadas. Por ejemplo, cuando se atraviesa una mala racha, hablar con un amigo sobre los sentimientos puede aliviar el estrés. Las palabras reconfortantes y el recordatorio de las fortalezas personales generan un sentimiento de pertenencia y comunidad.

Asistencia práctica

Los sistemas de apoyo también ofrecen ayuda práctica. A veces, lo que se necesita es alguien que ayude a manejar las tareas diarias o a enfrentar los desafíos.

Por ejemplo, un amigo puede ayudar con una mudanza o un familiar puede encargarse de las compras durante una semana ocupada. Estos pequeños gestos pueden aligerar las cargas significativamente.

Pensemos en un padre primerizo que se adapta a las exigencias de un recién nacido: contar con familiares o amigos que ofrezcan ayuda con las comidas o el cuidado del bebé puede facilitar mucho la transición.

Mantener tu sistema de apoyo

Un sistema de apoyo requiere cuidado y atención constante. Dedicar tiempo a las relaciones, ya sea cenando regularmente con amigos o llamando a familiares para saber cómo están, fortalece estas conexiones.

Igualmente importante es estar disponible para los demás cuando ellos necesiten apoyo. Ofrecer ayuda de manera recíproca refuerza los vínculos y crea una red duradera de personas solidarias.

LA IA Y LA CREATIVIDAD HUMANA

Existe un debate continuo sobre el impacto de la inteligencia artificial (IA) en la creatividad. Algunas personas creen que la IA disminuye la creatividad, mientras que otras piensan que la potencia. *¿Qué opinas tú?*

Por un lado, hay quienes sostienen que las herramientas de IA están restando singularidad al trabajo creativo. Muchos artistas y escritores temen que su toque personal se pierda cuando las máquinas sean capaces de replicar estilos y generar piezas a un ritmo mucho más rápido.

Sin embargo, desde otra perspectiva, la IA puede complementar la creatividad humana. Puede ofrecer sugerencias o generar ideas que, de otro modo, una persona no habría considerado. Por ejemplo, un autor podría usar una herramienta de IA para hacer una lluvia de ideas sobre una historia o definir los rasgos de un personaje. En lugar de reemplazar el elemento humano, la IA actúa como un socio útil, proporcionando nuevas perspectivas e inspirando a los artistas de formas inesperadas.

En cualquier caso, la IA está aquí para quedarse. En las discusiones siguientes, exploraremos cómo se puede utilizar de manera efectiva. En el Capítulo 8, hablamos del papel de la IA en la salud mental; ahora, discutiremos su lugar en la creatividad humana.

LA IA EN EN CAMPOS CREATIVOS: ARTE, MÚSICA Y ESCRITURA

Cuando la IA se introduce en los campos del arte, la música y la escritura, transforma estos ámbitos al ofrecer nuevas herramientas y métodos para enriquecer el proceso creativo. La IA permite a los artistas experimentar con nuevos estilos y formas de expresión que antes no eran posibles, dando lugar a obras de arte únicas.

Un informe de McKinsey & Company (2024) sobre el estado de la IA indica que, para 2030, es probable que el 72% de las empresas utilicen alguna forma de tecnología de IA, lo que evidencia su creciente influencia en diversas industrias, incluidas las artes. El uso de la IA ayuda a los artistas a explorar nuevas ideas y a crear obras originales que desafían los límites tradicionales.

IA generativa

La IA generativa se refiere a sistemas capaces de crear contenido basado en datos de entrada. Por ejemplo, puede analizar obras de arte existentes y generar imágenes nuevas que sean similares pero únicas. Esta capacidad ha provocado intensos debates entre artistas, músicos, escritores y el público sobre la naturaleza del trabajo creativo.

Comprender la IA generativa

La IA generativa utiliza algoritmos para crear nuevos contenidos. En el ámbito del arte, esto significa que puede generar pinturas u obras digitales aprendiendo de un gran conjunto de imágenes. Esta tecnología se basa en el aprendizaje automático (ML), que enseña a la IA a reconocer patrones y estilos mediante el estudio de grandes cantidades de datos.

La siguiente lista puede ayudar a visualizar la diferencia entre el trabajo generado por inteligencia artificial y el trabajo exclusivamente humano

TRABAJO DE IA GENERATIVA	TRABAJO EXCLUSIVAMENTE HUMANO
Crea contenidos a partir de datos de entrada, analizando patrones y estilos de obras existentes.	Genera contenidos impulsados por experiencias personales, emociones e influencias culturales.
Genera nuevas imágenes similares a las existentes procesando una amplia base de datos de obras de arte.	Crea obras de arte únicas que reflejan la creatividad individual y la visión artística.
Puede producir composiciones musicales emulando estilos de varios géneros.	Compone música que es profundamente personal y a menudo cuenta una historia o transmite sentimientos concretos.
Genera texto basándose en patrones encontrados en grandes cantidades de literatura y otras obras escritas.	Escribe narraciones o poesías inspiradas en experiencias, pensamientos y emociones humanas.
Funciona con rapidez, produciendo múltiples versiones de un concepto con una aportación mínima.	Dedica tiempo a la ideación, la lluvia de ideas y los procesos iterativos de creación para refinar las ideas.
Carece de conciencia y profundidad emocional en sus creaciones.	Impregna el trabajo de significado personal, resonancia emocional y contexto cultural.
Utiliza algoritmos y programación para crear contenidos sin interpretación subjetiva.	Se basa en la intuición, la percepción personal y la experiencia humana única para dar forma a la producción creativa.

Por ejemplo, una IA entrenada con pinturas de distintas épocas puede crear una obra completamente nueva que mezcle elementos del arte impresionista y abstracto. Cuando la IA compone música, comienza estudiando varias composiciones musicales. Aprende qué notas suelen tocarse juntas y reconoce diferentes estilos, lo que le permite componer melodías que se ajustan a los patrones típicos de géneros como la música clásica o el jazz.

Controversias en torno a la IA creativa

La llegada de la IA generativa a los campos creativos no ha estado exenta de controversia. Una de las principales preocupaciones es si las obras generadas por IA pueden considerarse "verdadero" arte, música o literatura.

¿Qué define la creatividad? ¿Es el proceso detrás de la creación o solo el resultado final? Muchos artistas sostienen que la emoción y la experiencia humanas son componentes esenciales de la creatividad, y creen que la IA no puede infundir sentimientos genuinos en sus creaciones. Esto ha generado debates importantes sobre el papel de la emoción y la experiencia en diversas formas de expresión artística.

Adoptar la IA como herramienta

A pesar de estas preocupaciones, muchos ven el potencial de la IA como una herramienta, no como un sustituto de la creatividad humana. Los artistas pueden aprovechar la IA para aportar ideas o explorar nuevas formas de expresión que quizá no habrían considerado por sí solos.

Por ejemplo, un artista puede usar la IA para generar ideas de diseño para esculturas y luego adaptar esas ideas a su visión única. Una empresa que ejemplifica este enfoque es Artbreeder, que permite a los artistas mezclar y modificar imágenes mediante algoritmos de IA, dando lugar a ideas de diseño innovadoras. De este modo, la IA puede enriquecer el proceso creativo en lugar de obstaculizarlo.

LOS HUMANOS Y LA IA COLABORAN EN LOS PROCESOS CREATIVOS

Cuando las personas piensan en la IA, a menudo imaginan robots reemplazando trabajos o creando cosas de la nada. Sin embargo, el temor a que la IA tome el control se debe, en gran medida, a no comprender cómo utilizarla correctamente.

Potenciar la creatividad humana

Usar la IA como herramienta implica reconocer sus puntos fuertes y combinarlos con las habilidades humanas. No se trata solo de decir: "Haz esto por mí" o "Haz aquello por mí". El creador sigue teniendo el control, y la IA actúa como un socio de apoyo en el proceso creativo.

La IA puede tomar la iniciativa en la generación de ideas, determinando a veces la dirección de la narrativa, mientras que el creador se encarga de editar y refinar el contenido, manteniendo el control sobre el proceso creativo. Por ejemplo, los escritores pueden utilizar la IA para generar nuevas ideas o desarrollar historias. Al introducir indicaciones específicas, reciben sugerencias que pueden inspirarles. Así, el escritor puede tomar estas ideas, desarrollarlas y darles forma en algo verdaderamente único y personal.

La importancia del aporte humano

Es fundamental recordar que las ideas humanas son esenciales para la creatividad. La IA puede analizar datos y ofrecer respuestas basadas en patrones, pero no tiene la capacidad de sentir o comprender como lo hacen las personas.

Por ejemplo, un artista puede usar la IA para generar un fondo para un cuadro, pero será el toque personal, las experiencias y los sentimientos del artista los que guíen el ajuste y la refinación de ese fondo para crear una obra de arte cohesiva y significativa.

Es necesario equilibrar la rapidez y eficiencia de la IA con la creatividad humana y la comprensión emocional. Cuando un diseñador utiliza la IA para crear prototipos, puede obtener fácilmente diferentes opciones y estilos. Luego, el diseñador selecciona las partes que le gustan y las combina con sus propias ideas. Esta colaboración fomenta la creatividad y la exploración en el diseño, dando lugar a resultados más originales y únicos.

Limitaciones y consideraciones

Aunque la IA es una herramienta poderosa, es importante reconocer que sigue siendo solo eso: una herramienta con limitaciones. La IA opera basándose en patrones y datos, pero no puede comprender el contexto de manera profunda.

Esto significa que, en ocasiones, las sugerencias generadas por la IA pueden ser inapropiadas o fuera de lugar. Ahí es donde entra en juego la intervención humana, evaluando si las sugerencias se ajustan a los objetivos y al tono emocional del proyecto.

Tres casos de éxito de la colaboración entre humanos e IA en la creatividad

En los últimos años, la colaboración entre humanos e IA ha dado lugar a resultados fascinantes, ampliando los límites de la creatividad y ofreciendo nuevas formas de expresar ideas y crear arte.

Caso práctico 1: Cine y animación

En el cine y la animación, la colaboración entre humanos e IA ha permitido técnicas narrativas innovadoras. La IA puede ayudar en diversos aspectos de la producción, desde la redacción de guiones hasta los efectos de postproducción.

Al crear una película de animación, un equipo puede utilizar algoritmos de IA para ayudar en la animación de personajes. En lugar de crear manualmente cada fotograma, la IA puede generar movimientos basados en parámetros de entrada, acelerando significativamente el proceso de animación. Esto permite a los estudios centrarse más en la elaboración de narrativas convincentes y en la expansión de ideas creativas.

Por ejemplo, algunos cineastas utilizan la IA para analizar las preferencias del público y ajustar elementos que resuenen más eficazmente con los espectadores. En "Space Jam" (1996), se ve una mezcla vívida de realismo y animación, donde el personaje de Michael Jordan, una superestrella de la NBA de imagen real, interactúa con personajes animados como Bugs Bunny y el Pato Lucas.

Durante el famoso partido de baloncesto, Jordan realiza movimientos realistas con el balón, mientras que el Pato Lucas se estira y transforma de maneras cómicamente exageradas típicas de la animación.

Caso práctico 2: Desarrollo de juegos

El desarrollo de videojuegos también se ha beneficiado significativamente de la integración de la IA. Los desarrolladores utilizan la IA para crear personajes dinámicos y entornos de juego que responden a las acciones del jugador. Los sistemas de IA pueden analizar el comportamiento del jugador y ajustar los desafíos del juego en tiempo real, proporcionando una experiencia personalizada para cada jugador.

Un ejemplo destacado es *Final Fantasy VIII*, desarrollado por Square Enix. Este juego de rol implementa un avanzado sistema de IA que permite una experiencia de juego dinámica y adaptativa, ajustando la dificultad y las estrategias de los enemigos según las acciones del jugador.

Caso práctico 3: Publicidad y marketing

La colaboración entre humanos e IA también juega un papel clave en la publicidad y el marketing. Los anunciantes utilizan herramientas de IA para analizar grandes volúmenes de datos de consumidores y adaptar sus campañas de manera más eficiente. Al procesar datos masivos, la IA puede identificar qué tipos de mensajes resuenan mejor con diferentes grupos demográficos.

Por ejemplo, la IA puede ayudar a un equipo de marketing a segmentar su audiencia en función de sus comportamientos en línea o hábitos de compra. La IA sugiere contenidos o anuncios específicos que se ajustan mejor a cada segmento, permitiendo a las empresas conectar con su público de forma más eficaz y maximizar el retorno de su inversión en publicidad.

PERSPECTIVAS PSICOLÓGICAS SOBRE LA CREATIVIDAD DE LA IA

Muchas personas consideran que usar la IA para crear arte es problemático porque imita el trabajo de otros artistas. Esto plantea preguntas sobre qué es lo que hace que el arte sea auténtico y especial. Algunos críticos sostienen que el arte generado por IA es injusto porque replica estilos de otros artistas, restando singularidad y creatividad a los artistas humanos.

En un artículo publicado en *Sage Journals*, Walter Benjamin sugiere que cuando el arte se reproduce de forma mecánica, cambia la forma en que las personas lo perciben y experimentan (Kalpokas, 2023). Este cambio desafía nuestras ideas tradicionales sobre la originalidad y el valor de la creatividad.

Este punto de vista plantea cuestiones importantes sobre la originalidad y la autoría en la era de la tecnología. Al considerar la imitación, podemos desglosarla en varios componentes que nos ayuden a comprender su significado en el contexto de la IA y la creatividad.

Definición de la imitación en el arte

La imitación en el arte se refiere al acto de copiar o replicar el estilo, las técnicas o las ideas de otro artista. No es un concepto nuevo; a lo largo de la historia, los artistas han encontrado inspiración en sus predecesores.

Durante el Renacimiento, muchos artistas estudiaron y copiaron las obras de grandes maestros como Miguel Ángel y Leonardo da Vinci para desarrollar sus propios estilos. De manera similar, los sistemas de IA analizan el arte existente para crear nuevas obras. La diferencia clave radica en cómo funcionan la IA y los humanos; mientras que los artistas humanos reinterpretan e infunden su propia visión, la IA genera contenido basado en patrones detectados en los datos.

Los riesgos de confiar demasiado en la IA

Por otro lado, confiar excesivamente en la IA para la creatividad conlleva ciertos riesgos inherentes. Si los artistas dependen demasiado de los sistemas de IA, puede producirse un deterioro de las habilidades y técnicas tradicionales. A continuación se exploran algunas formas en que la dependencia de la IA puede afectar negativamente:

- **Dependencia de la IA para la interacción social:** Usar la IA para comunicarse puede debilitar las relaciones en la vida real. Las personas podrían preferir interactuar con la IA en lugar de relacionarse con otros, lo que podría llevar a sentimientos de aislamiento y soledad.
- **Disminución de la creatividad:** Cuando los artistas y escritores dependen en gran medida de la IA para obtener ideas, su creatividad puede verse limitada.

Podrían terminar repitiendo lo que la IA sugiere en lugar de crear obras verdaderamente originales.

- **Pérdida de habilidades de pensamiento crítico:** Depender demasiado de la IA para acceder a información puede debilitar nuestra capacidad de pensamiento crítico. Las personas pueden dejar de cuestionar las respuestas proporcionadas por la IA y aceptarlas sin considerar otras opciones.
- **Reducción del juicio humano:** Apoyarse demasiado en la IA para tomar decisiones puede disminuir la confianza en nuestro juicio. Las personas pueden dejar de confiar en su capacidad para resolver problemas o tomar decisiones éticas cuando dependen demasiado de la IA.

LA IA Y LA IDENTIDAD HUMANA

Ahora que hemos concluido nuestra discusión sobre la IA y la creatividad, exploraremos el impacto de la IA en la identidad humana. Este tema me deja perplejo, ya que la forma en que una persona interactúa con un sistema de IA refleja aspectos de su personalidad y su enfoque hacia la tecnología. Cuando interactúas con la IA, ya sea mediante comandos de voz, texto u otra interfaz, tus elecciones revelan tus preferencias.

Por ejemplo, si sueles hacer preguntas detalladas, esto indica que valoras la información exhaustiva y buscas comprender más. Puede reflejar que eres una persona que disfruta aprender y recopilar el máximo conocimiento posible antes de tomar una decisión.

Por otro lado, si tiendes a usar órdenes cortas o preguntas simples, puede sugerir que prefieres la eficiencia y los resultados rápidos, lo que podría estar relacionado con un estilo de vida ajetreado donde priorizas hacer las cosas rápidamente.

LA IA Y EL CONCEPTO DEL YO

La inteligencia artificial no se limita a realizar tareas; también influye en la forma en que nos vemos a nosotros mismos. La identidad personal se refiere a nuestra comprensión de quiénes somos como individuos.

Una entrada de blog que analiza el impacto de la IA en la identidad señala que esta influencia abarca nuestras creencias, valores y los roles que desempeñamos en la sociedad (Stevens, 2023). Y la IA afecta esta comprensión de múltiples maneras.

La identidad en la Era Digital

Una de las principales formas en que la IA impacta la identidad personal es a través de las redes sociales. Muchas plataformas que usamos a diario funcionan con algoritmos de IA que seleccionan el contenido basado en nuestras interacciones anteriores.

Por ejemplo, si a menudo participas en publicaciones sobre fitness, la IA te mostrará más contenido relacionado con este tema. Esto puede alterar la percepción que tienes de ti mismo, ya que las personas pueden comenzar a definirse a sí mismas en función del contenido que la IA promueve. Pueden sentirse presionadas para ajustarse a los ideales presentados en línea, lo que puede modificar su identidad personal.

Otro ejemplo es el uso de asistentes personales como Siri o Google Assistant. Estas tecnologías comprenden nuestras preferencias y nos ayudan a tomar decisiones, desde qué música escuchar hasta qué ropa elegir. Con el tiempo, la dependencia de estas herramientas de IA puede afectar nuestros procesos de toma de decisiones, y algunas personas pueden experimentar una sensación de pérdida de autonomía, preguntándose si sus elecciones realmente son propias o están influidas por las recomendaciones de la IA.

Esta dinámica puede remodelar nuestra identidad personal y cómo percibimos nuestra autonomía en el mundo.

La IA y su impacto en la identidad social

La identidad social está relacionada con cómo nos percibimos a nosotros mismos en relación con grupos y comunidades. La IA influye en la formación y el cambio de estas identidades a través de diversos canales.

Un canal importante es cómo conectamos con los demás. Las plataformas en línea que utilizan IA pueden ayudar a las personas a encontrar comunidades basadas en intereses compartidos. Por ejemplo, la IA puede recomendar foros o grupos que discutan temas especializados, lo que permite a las personas conectar con otros que comparten sus intereses.

Sin embargo, la IA también puede crear cámaras de eco, donde las personas solo ven opiniones similares a las suyas, ignorando otras perspectivas. Cuando la IA nos muestra contenidos basados únicamente en nuestras creencias, puede limitar nuestra comprensión del mundo, afectando la forma en que nos vemos a nosotros mismos y reforzando estereotipos, dificultando la conexión con grupos diferentes. Las personas pueden empezar a definirse dentro de un círculo estrecho de ideas y experiencias similares, lo que puede frenar el crecimiento personal y limitar la comprensión social.

La IA y la autopercepción

A medida que interactuamos más con la IA, estas interacciones empiezan a influir en cómo nos vemos a nosotros mismos. Esta influencia puede ser sutil pero poderosa, cambiando nuestra percepción de nuestras capacidades y valía personal.

La doble naturaleza de la retroalimentación de la IA

La IA puede ofrecer retroalimentación que mejore nuestras habilidades. Por ejemplo, un estudiante que utiliza una plataforma de aprendizaje impulsada por IA puede recibir respuestas inmediatas en cuestionarios o ejercicios, aprendiendo rápidamente de sus errores.

Sin embargo, esta dependencia también puede generar una sensación de insuficiencia sin la tecnología. Es crucial reconocer que, aunque la IA puede ayudar a desarrollar habilidades, una dependencia excesiva puede socavar la confianza en uno mismo.

Celebrar el crecimiento individual

Es importante reconocer y celebrar el crecimiento personal sin depender exclusivamente de la IA. Ser conscientes de nuestros propios esfuerzos puede aumentar la autoestima. Las personas pueden llevar un diario para registrar sus avances en diversas habilidades y anotar sus logros personales, por pequeños que sean.

Participar en grupos comunitarios de desarrollo de habilidades puede ayudar a las personas a sentirse parte de una comunidad y a encontrar apoyo. En estos grupos, los miembros comparten sus experiencias y desafíos, creando un ambiente de colaboración.

Este crecimiento colectivo puede disminuir la necesidad de recurrir a la tecnología para sentirse bien con uno mismo. Mantener conversaciones significativas con otros puede ayudar a las personas a comprender y valorar sus propias capacidades.

CONEXIONES ENTRE LOS HUMANOS Y LA IA

La conexión entre los humanos y la IA es compleja y en constante evolución. Las personas suelen establecer vínculos emocionales con la IA, ya sea a través de asistentes personales, chatbots o sistemas inteligentes utilizados en diversos ámbitos. Este vínculo puede surgir de la manera en que las personas interactúan con la IA y la personalización que ofrece.

Vínculos emocionales con la IA

El apego humano a la IA se produce por diversas razones, relacionadas con la forma en que la IA interactúa con nosotros y el papel que desempeña en nuestras vidas. Para comprender realmente este vínculo, debemos explorar los factores que contribuyen a él.

Comprender la conexión

Pensemos en una aplicación de IA conversacional como Replika. Esta aplicación aprende de nuestras interacciones a lo largo del tiempo. Cuando chateamos con Replika, comienza a entender nuestra personalidad y preferencias, descubriendo temas que nos interesan o reconociendo cuando pedimos consejo sobre cuestiones concretas.

Este nivel de personalización hace que los usuarios sientan una conexión más profunda con Replika, viéndolo como algo más que un chatbot: se convierte en un compañero que realmente los comprende y apoya.

El papel de la comodidad

Otro factor importante es la comodidad. Los sistemas de IA pueden ahorrar tiempo y esfuerzo en nuestras actividades diarias, haciéndonos la vida más sencilla. Aquí se presentan algunos factores que hacen que nuestras interacciones con la IA sean cómodas:

- **Adaptabilidad al estado de ánimo:** Algunas IA pueden detectar el estado emocional de los usuarios y responder de manera acorde, mostrando empatía.
- **Apoyo siempre disponible:** La IA está siempre lista para escuchar y ayudar cuando alguien necesita hablar, convirtiéndose en una fuente constante de apoyo.
- **Anonimato:** Interactuar con la IA permite a las personas compartir temas personales sin preocuparse de que se revele su identidad.
- **Disponibilidad de recursos:** La IA puede ofrecer información y estrategias útiles para la salud mental, apoyando el bienestar emocional.
- **Compañerismo:** Para quienes se sienten solos, la IA proporciona una compañía confiable sin las complejidades de las relaciones humanas.
- **Coherencia en las respuestas:** La IA ofrece respuestas emocionales constantes y predecibles, lo cual puede ser reconfortante para quienes buscan estabilidad.
- **Aprendizaje y crecimiento:** Interactuar con la IA permite a las personas explorar sus pensamientos y sentimientos en un entorno seguro, fomentando el desarrollo personal.
- **Interacción sin prejuicios:** Las personas pueden compartir libremente sus pensamientos con la IA, sin temor a ser juzgadas.
- **Reducción de la ansiedad social:** Para quienes encuentran difíciles las interacciones sociales, hablar con la IA facilita la expresión sin presiones.
- **Compromiso personalizado:** La IA recuerda conversaciones anteriores y preferencias, haciendo que los usuarios se sientan reconocidos y comprendidos.

Compromiso emocional

El compromiso emocional también desempeña un papel importante en el apego humano a la IA. Muchos compañeros virtuales, como los chatbots o las mascotas robóticas, están diseñados para evocar respuestas emocionales. Las personas crean vínculos con estas entidades porque les ofrecen compañía o apoyo emocional.

Por ejemplo, un estudio sugiere que las personas mayores que interactúan con Pi.ai, una IA emocionalmente inteligente diseñada para brindar compañía, reportan sentirse significativamente menos solas. Aunque la IA no es un ser vivo, puede ofrecer una sensación de consuelo y conexión, destacando el deseo humano de interacción social, incluso si es con una máquina.

Implicaciones éticas

El concepto de establecer una relación con la IA puede parecer extraño o incómodo para quienes no están familiarizados con ella. Para muchos, la IA sigue siendo una máquina que carece de sentimientos y, por tanto, no puede conectar genuinamente con las personas.

Esta percepción proviene de la falta de comprensión sobre lo que realmente es la IA y cómo opera en nuestras vidas. La IA no es solo una colección de algoritmos complejos; también está diseñada para aprender de las interacciones y mejorar con el tiempo, creando un vínculo evolutivo con los usuarios.

LA IA Y EL FUTURO DE LA IDENTIDAD HUMANA

Los conceptos futuros de identidad también están siendo moldeados por la IA. A medida que la tecnología avanza, las líneas entre la identidad virtual y la física pueden volverse cada vez más borrosas. Las personas podrían comenzar a adoptar múltiples identidades a través de diferentes plataformas en línea.

Por ejemplo, alguien puede ser un profesional en LinkedIn, un jugador en Discord y una figura pública en Instagram. Cada una de estas identidades representa distintas facetas de su personalidad, pero también pueden generar confusión sobre quién es realmente una persona.

Identidades en evolución

Este fenómeno refleja la evolución de la identidad en la era digital, en la que las personas crean múltiples identidades en línea que pueden no coincidir completamente con su identidad en la vida real. A continuación, se exploran conceptos futuros sobre cómo la IA está redefiniendo las identidades humanas:

CONCEPTO DE FUTURO	VISIÓN GENERAL	EMPRESAS QUE YA LO PRACTICAN
Teoría del multiverse	Esta teoría sugiere que existen muchos universos paralelos, cada uno de los cuales representa elecciones y resultados diferentes.	Empresas de videojuegos como Insomniac Games (por ejemplo, "Spider-Man: Miles Morales*) exploran conceptos multiversales en la narración de historias.
Conciencia cuántica	Algunos científicos creen que nuestra consciencia puede surgir de procesos cuánticos en el cerebro.	Empresas de informática cuántica, como IBM y D-Wave Systems, exploran las implicaciones de la mecánica cuántica.
No localidad y entrelazamiento	En la física cuántica, las partículas pueden afectarse mutuamente de forma instantánea, independientemente de la distancia, lo que influye en la conectividad.	Las empresas tecnológicas dedicadas a las tecnologías de comunicación global, como Zoom o Slack, promueven las identidades interconectadas.

	El problema mente-cuerpo cuestiona la relación entre la conciencia y el cuerpo físico, lo que podría conducir a la inmortalidad digital.	Neuralink, fundada por Elon Musk, trabaja en interfaces cerebro-máquina que pueden integrar la cognición humana con la tecnología digital.
Inmortalidad digital y problema mente-cuerpo		
Principio holográfico	Este principio postula que el universo puede ser un holograma, lo que conduce a experiencias compartidas e interconectadas.	Las empresas de RV, como Oculus (propiedad de Facebook) y Microsoft (con HoloLens), crean experiencias inmersivas relacionadas con la percepción.

Difuminar los límites

La fusión de las identidades humanas y las de las máquinas es un tema importante que abarca múltiples ideas y efectos. Examina cómo las personas interactúan con las máquinas y cómo estas interacciones influyen en nuestra identidad. A diferencia del pasado, cuando las máquinas eran simples herramientas para ayudarnos con tareas cotidianas, hoy vivimos en una era en la que las máquinas realmente pueden mejorar nuestras capacidades.

Un ejemplo destacado es el caso de Cognixion, una empresa que se especializa en desarrollar tecnología que integra señales neuronales y sistemas de interfaz cerebro-computadora (BCI) para ayudar a personas con discapacidades a comunicarse y controlar dispositivos.

El objetivo de Cognixion es claro e importante: mejorar la vida de personas con desafíos mentales y físicos. Sus productos incluyen Cognixion ONE, un dispositivo portátil que facilita la comunicación, y Control Ambiental, un sistema que permite a los usuarios manejar dispositivos electrónicos y sistemas domésticos inteligentes utilizando sus pensamientos.

APLICACIONES EDUCATIVAS DE LA IA

¿**H**as visto la película *Sin Límites*?

Es una película que invita a la reflexión y explora el concepto de liberar todo el potencial del cerebro humano. La historia gira en torno a Eddie Morra, un escritor en apuros interpretado por Bradley Cooper, cuya vida cambia drásticamente cuando encuentra una misteriosa píldora que le permite acceder y utilizar el 100% de la capacidad de su cerebro.

Cuando Eddie toma la píldora, experimenta una transformación espectacular: se vuelve increíblemente inteligente y concentrado, lo que le ayuda a escribir su libro en pocos días.

En mi opinión, el potencial de las personas no tiene límites. Todos tenemos habilidades y talentos únicos que pueden desarrollarse con el tiempo. A medida que avanzamos en tecnología y nos comprendemos mejor a nosotros mismos, estamos empezando a descubrir lo que realmente podemos lograr. Si nos enfocamos en el crecimiento personal y utilizamos la IA de manera inteligente, podremos explorar muchas nuevas oportunidades que se abren ante nosotros.

En este capítulo, nos centraremos en las aplicaciones educativas de la IA. Después de hablar sobre la IA y la identidad humana, ahora estamos listos para explorar cómo la IA puede transformar la educación.

LA IA EN EL APRENDIZAJE PERSONALIZADO

Cada persona aprende de forma distinta. La manera en que comprendemos, procesamos y retenemos la información varía significativamente de un individuo a otro. Algunos prefieren las ayudas visuales, mientras que otros se desarrollan mejor en entornos de aprendizaje auditivo. Diversos factores influyen en nuestra forma de aprender, y reconocer estas diferencias puede llevar a estrategias educativas y de desarrollo personal más efectivas.

Sistemas de aprendizaje adaptativos

Reconocer que cada persona tiene un estilo de aprendizaje único es esencial para crear experiencias educativas más personalizadas. Realizar evaluaciones para identificar las preferencias individuales de aprendizaje puede ayudar a los educadores a adaptar sus métodos para que sean más efectivos.

Por ejemplo, un profesor puede comenzar el curso pidiendo a los estudiantes que completen un breve cuestionario para identificar su estilo de aprendizaje preferido. Con base en los resultados, puede ajustar sus estrategias de enseñanza para llegar a cada estudiante de manera más eficaz.

Diferentes tipos de estudiantes

Existen múltiples formas de aprender nueva información, y comprender estos diferentes tipos de estudiantes puede ayudar a crear un entorno de aprendizaje más inclusivo. Cada estudiante tiene necesidades y preferencias únicas. Al reconocer estas diferencias, educadores, padres y estudiantes pueden elegir métodos que se adapten mejor a cada individuo.

Aprendices visuales

Los estudiantes visuales prefieren recibir la información en un formato visual. Les resulta más fácil comprender conceptos cuando usan diagramas, gráficos o imágenes.

Por ejemplo, al estudiar el sistema solar, un estudiante visual puede beneficiarse más al observar un gráfico en color que muestra los planetas y sus posiciones en lugar de solo leer sobre ellos en un libro de texto.

Una técnica efectiva para los aprendices visuales es el uso de mapas mentales. Los mapas mentales permiten a los estudiantes tomar notas de manera visual, creando diagramas que conectan ideas relacionadas. Este método les ayuda a organizar sus pensamientos y ver cómo se enlazan diferentes conceptos. Las tarjetas con imágenes o colores también son útiles para activar la memoria de estos estudiantes.

Aprendices auditivos

Los estudiantes auditivos aprenden mejor cuando escuchan. Se desarrollan en entornos donde pueden debatir temas en voz alta o escuchar conferencias. Por ejemplo, en lugar de leer un libro de historia, un estudiante auditivo podría preferir escuchar un podcast o ver un documental narrado.

Una estrategia eficaz para los estudiantes auditivos es participar en discusiones grupales. Hablar sobre ideas y escuchar las perspectivas de otros puede reforzar su comprensión. También puede ser beneficioso grabar conferencias o discusiones para escucharlas más tarde. Leer en voz alta o explicar lo aprendido a otra persona puede ayudar a consolidar la información en su mente.

Aprendices cinestésicos

Los estudiantes cinestésicos, o táctiles, aprenden mejor a través de la actividad física. Se benefician de experiencias prácticas en las que pueden manipular materiales o realizar tareas.

Por ejemplo, al aprender sobre el cuerpo humano, un estudiante cinestésico podría encontrar útil el uso de modelos o la participación en actividades de laboratorio.

Para apoyar a estos estudiantes, los profesores pueden incorporar el movimiento en sus lecciones. Actividades como juegos de rol o proyectos prácticos pueden ayudarles a comprender conceptos complejos. Además, el uso de herramientas interactivas, como bloques de construcción o juegos de simulación, puede hacer que el aprendizaje sea más atractivo para este tipo de estudiantes.

Aprendices de lectura/escritura

Los estudiantes de lectura/escritura prefieren interactuar con el texto. Encuentran valor en leer libros, tomar notas y escribir ensayos. Suelen destacar cuando pueden leer extensamente y escribir sobre lo que han aprendido.

Por ejemplo, un estudiante de lectura/escritura que estudia literatura disfrutará leyendo varias novelas y escribiendo un resumen de cada una para reforzar su comprensión.

Para ayudar a estos estudiantes a prosperar, se les puede animar a llevar un diario de lectura donde anoten sus pensamientos y reflexiones sobre sus lecturas. Otra estrategia eficaz podría ser asignar proyectos escritos que fomenten el análisis profundo y el pensamiento crítico. Esto puede incluir trabajos de investigación o ensayos reflexivos que pongan a prueba su comprensión. Proporcionar una variedad de materiales de lectura también puede estimular su interés y mejorar su experiencia de aprendizaje.

Aprendices sociales

Los estudiantes sociales, o interpersonales, prosperan en entornos colaborativos. Disfrutan trabajando con otras personas y suelen aprender mejor a través de la interacción y el trabajo en equipo. Por ejemplo, los proyectos en grupo pueden ser muy beneficiosos para estos estudiantes, ya que les permiten compartir ideas, hacer preguntas y obtener diferentes perspectivas de sus compañeros.

Fomentar la participación de los estudiantes sociales en grupos de estudio o sesiones de aprendizaje entre iguales puede mejorar su comprensión del material. También pueden beneficiarse al participar en discusiones o debates en grupo sobre los conceptos que están aprendiendo. Estar en un entorno donde puedan intercambiar opiniones y perspectivas los motiva y hace que el proceso de aprendizaje sea más dinámico y agradable.

Aprendices solitarios

Los estudiantes solitarios, o intrapersonales, prefieren aprender de manera independiente. Suelen reflexionar internamente y disfrutan trabajando solos. Este tipo de estudiantes se siente cómodo con el autoestudio, ya que pueden profundizar en un tema sin distracciones.

Para apoyar a los estudiantes solitarios, es esencial ofrecerles oportunidades para el estudio individual. Establecer objetivos personales y permitirles explorar conceptos a su propio ritmo puede llevar a una comprensión más profunda.

Escribir un diario también es una excelente herramienta para estos estudiantes, ya que les permite expresar sus pensamientos y aclarar sus ideas sobre los temas que están estudiando. También pueden apreciar los cursos en línea que permiten el aprendizaje autodirigido, dándoles la libertad de aprender según sus propios horarios.

Aprendices combinados

Es importante reconocer que algunas personas no se identifican con un solo estilo de aprendizaje; son aprendices combinados. Pueden mostrar una combinación de estilos, lo que significa que se benefician de diferentes métodos dependiendo de la materia que estén estudiando. Por ejemplo, una persona puede ser predominantemente un aprendiz visual, pero también encontrar útil el aprendizaje auditivo o las actividades cinestésicas en ciertas situaciones.

Para atender a los estudiantes combinados, es beneficioso diversificar los métodos de enseñanza. Algunas sesiones pueden incluir ayudas visuales, debates y actividades prácticas relacionadas con el mismo tema.

Esta variedad permite a los estudiantes interactuar con el material de diferentes formas, ayudándoles a aprender de manera más efectiva. Ser flexible en los métodos de enseñanza puede mejorar la experiencia de aprendizaje para aquellos que utilizan múltiples estilos.

Beneficios y desafíos

El uso de la IA en la educación ofrece grandes beneficios, elevando el aprendizaje a un nuevo nivel. He aquí los beneficios y los desafíos que conlleva:

BENEFICIOS	DESAFÍOS
La IA podría analizar las habilidades, intereses y tendencias laborales de los alumnos para darles consejos personalizados sobre futuras carreras.	Recopilar datos personales puede plantear problemas sobre quién tiene acceso a ellos y cómo se utilizan.
La IA podría crear todo tipo de escenarios sociales para que los alumnos practiquen y mejoren sus habilidades emocionales, ayudándoles a tratar mejor con la gente en los lugares de trabajo del mañana.	La IA podría costarle captar los matices de las interacciones humanas, lo que afectaría a la calidad de la formación.
La IA podría adaptar las lecciones para reflejar las culturas e historias locales, garantizando que la educación sea relevante para la propia vida de los alumnos.	Hacer demasiado hincapié en el contenido local podría limitar la exposición de los alumnos a ideas y visiones del mundo más amplias.

SISTEMAS DE TUTORÍA INTELIGENTE

La tecnología de la IA ha transformado múltiples campos, y una de sus características más destacadas es la capacidad de ofrecer instrucciones y retroalimentación personalizadas. En lugar de aplicar una solución uniforme para todos, la IA se adapta a las necesidades específicas de cada usuario, haciendo que el aprendizaje y la mejora sean mucho más efectivos.

Por ejemplo, consideremos un estudiante que usa un programa de tutoría de IA como Khanmigo de Khan Academy. El sistema puede analizar el rendimiento anterior del alumno, identificar áreas de dificultad y diseñar lecciones personalizadas para abordar esos puntos débiles.

Crear un entorno de aprendizaje seguro

Una ventaja que a menudo se pasa por alto en los sistemas de tutoría inteligente es el entorno de aprendizaje seguro que crean. Muchos usuarios temen cometer errores, especialmente en entornos de aula tradicionales. La IA no tiene prejuicios ni expectativas, lo que permite a los usuarios aprender de sus errores sin sentir presión.

Por ejemplo, si un usuario está aprendiendo un nuevo idioma, puede sentirse avergonzado de practicar la pronunciación frente a sus compañeros. Sin embargo, con la IA, pueden practicar en voz alta, recibir correcciones sobre su pronunciación e intentarlo nuevamente sin miedo a ser juzgados. Esto fomenta una cultura de aprendizaje donde los errores se ven como oportunidades para mejorar, en lugar de motivos para avergonzarse.

Seguimiento del progreso a lo largo del tiempo

La IA también tiene la capacidad de monitorear el rendimiento del usuario y mostrar su progreso a lo largo del tiempo. Este seguimiento es vital para mantener la motivación, ya que los usuarios pueden visualizar cuánto han mejorado en áreas específicas, lo que los anima a seguir adelante.

Por ejemplo, un músico que utilice una herramienta de práctica de IA podría ver un gráfico que muestre su progreso al dominar una canción. A medida que practica y recibe retroalimentación práctica, puede ver su recorrido y sentir satisfacción con cada paso que avanza.

Romper las barreras lingüísticas

Para aquellos que están aprendiendo nuevos idiomas, la IA personalizada puede ser invaluable. Las herramientas de IA no solo ofrecen listas de vocabulario, sino también ejemplos contextuales y conversaciones adaptadas al nivel de habilidad actual del estudiante.

Por ejemplo, un principiante que está aprendiendo español podría recibir ejercicios centrados en frases cotidianas y vocabulario esencial, mientras que un estudiante de nivel intermedio podría participar en simulaciones de diálogos sobre temas como viajes o negocios. La IA ajusta la complejidad de las frases y el vocabulario según el progreso del estudiante, asegurando un aprendizaje continuo y adecuado.

Diseño y funcionalidad

Un sistema de tutoría inteligente que utilice GPT-4 puede ayudar a un niño a aprender trigonometría de manera amigable y efectiva. Sin embargo, su éxito depende de un diseño bien elaborado. Así es como podría funcionar:

- **Aprendizaje personalizado:** GPT-4 puede evaluar lo que el alumno sabe sobre trigonometría y las áreas donde necesita apoyo, ajustando su enseñanza a estas necesidades.
- **Enseñanza por voz:** El sistema puede explicar conceptos como el seno, coseno y tangente mediante el uso de voz, creando una experiencia similar a tener un tutor real que guía al alumno.
- **Ayuda paso a paso:** Si el alumno tiene dificultades con un problema, GPT-4 puede guiarlo paso a paso para resolverlo. Por ejemplo, podría explicar cómo usar el círculo unitario para encontrar el seno de un ángulo.
- **Problemas de práctica y retroalimentación:** El sistema puede generar problemas de práctica personalizados. Después de que el alumno intente resolverlos, GPT-4 proporciona retroalimentación instantánea, señalando errores y cómo corregirlos.
- **Ayudas visuales:** Aunque utiliza principalmente texto, GPT-4 puede describir cómo hacer diagramas o gráficos,

ayudando al alumno a visualizar mejor las funciones trigonométricas.

- **Estímulo:** El sistema puede animar al alumno para mantenerlo motivado, realizando un seguimiento de sus progresos y celebrando sus logros.
- **Ajustable:** El sistema de tutoría puede adaptarse en función del rendimiento del alumno, mejorando la experiencia de aprendizaje conforme el estudiante avanza.
- **Sugerencias de recursos:** GPT-4 puede recomendar videos, sitios web o libros adicionales que complementen el aprendizaje del alumno.

EFECTOS PSICOLÓGICOS DE LA IA EN LA EDUCACIÓN

Para aquellos que tienen un fuerte deseo de aprender, la IA puede tener un impacto psicológico muy positivo. Este impacto se manifiesta de varias formas, influyendo tanto en la motivación como en el compromiso en los procesos de aprendizaje. Comprender cómo la IA afecta a los estudiantes nos permite reconocer sus beneficios potenciales.

Motivación y compromiso

El uso de herramientas de IA en el aprendizaje suele aumentar la motivación de los estudiantes. Este aumento se debe a las experiencias de aprendizaje personalizadas que la IA puede ofrecer.

Por ejemplo, las plataformas educativas impulsadas por IA adaptan el contenido al ritmo y nivel de habilidad de cada estudiante. Un alumno que tenga dificultades con conceptos matemáticos puede recibir ejercicios diseñados específicamente para abordar sus desafíos, alentándolo a superar obstáculos sin sentirse abrumado.

El compromiso también es un aspecto clave que la IA puede mejorar significativamente. Muchos sistemas de IA incorporan elementos de gamificación, convirtiendo el aprendizaje en una experiencia divertida e interactiva. Al recompensar las tareas con puntos, insignias o niveles, los estudiantes tienden a participar más activamente.

Por ejemplo, las aplicaciones para el aprendizaje de idiomas suelen incluir juegos que desafían a los usuarios a alcanzar ciertos objetivos. Este enfoque mantiene a los estudiantes interesados y los anima a practicar con más frecuencia, mejorando sus habilidades y la retención del conocimiento.

Dinámica profesor-alumno

La introducción de la IA en las aulas ha cambiado de manera notable la dinámica entre profesores y alumnos. Los docentes descubren que pueden utilizar la IA para mejorar sus métodos de enseñanza, mientras que los estudiantes exploran nuevas formas de aprendizaje que antes no eran posibles.

A continuación, vamos a profundizar en este tema:

El rol del profesor

ROL TRADICIONAL DEL PROFESOR	EL PROFESOR COMO FACILITADOR
Imparte clases principalmente a los alumnos	Guía a los alumnos en su viaje de aprendizaje
Se centra en impartir clases y contenidos	Fomenta el debate y el pensamiento crítico
Califica las tareas y proporciona comentarios	Utiliza la IA para gestionar la calificación, lo que da más tiempo para el apoyo individual
Menos interacción con cada alumno	Más interacción individual para satisfacer las necesidades individuales
Los alumnos aprenden pasivamente	Los alumnos participan activamente y se hacen cargo de su propio aprendizaje

El rol del alumno

ROL TRADICIONAL DEL ALUMNO	EL ALUMNO COMO ALUMNO ACTIVO
Recibe información pasivamente	Busca activamente todo tipo de información Explora temas y toma decisiones sobre el aprendizaje
Sigue las instrucciones del profesor sin preguntar	Utiliza las herramientas de IA para ayudarse y resolver problemas
Confía en la ayuda del profesor	Colabora y se implica con sus compañeros en el trabajo en grupo
Interacción limitada con los compañeros	Valora el aprendizaje y el crecimiento personal por encima de las notas
Centrado en las notas y los exámenes	El alumno como alumno activo

DIRECCIONES Y DESAFÍOS FUTUROS

Acabamos de cerrar un capítulo sobre las aplicaciones educativas de la IA. Y, como ya has oído mi opinión sobre la IA en la educación, ahora abordemos las direcciones y desafíos futuros que nos aguardan en este fascinante campo.

Para iniciar este capítulo, hablemos de la inteligencia de enjambre. Este concepto se basa en la observación del comportamiento de los animales sociales. Al observar insectos como hormigas, abejas o termitas, se puede ver cómo trabajan de manera colaborativa en grupo para lograr tareas que parecerían imposibles para un individuo por sí solo.

Por ejemplo, las colonias de hormigas pueden encontrar el camino más corto hacia las fuentes de alimento utilizando reglas simples y métodos de comunicación básicos. Este comportamiento colectivo les permite recolectar comida de manera eficiente y regresar a su nido.

Uno de los aspectos clave de la inteligencia de enjambre es su naturaleza descentralizada. Esto significa que no hay un líder que dirija las acciones del grupo; en cambio, cada individuo toma decisiones simples basadas en la información local. Este enfoque descentralizado ayuda al grupo a adaptarse a las condiciones cambiantes y a tomar decisiones más eficientes como conjunto.

Es importante entender este concepto porque nos da una idea de lo que puede ser el futuro. Es probable que en el futuro veamos algoritmos de inteligencia de enjambre, como la optimización de enjambre de partículas o la optimización basada en colonias de hormigas, que nos ayudarán a abordar problemas complejos que requieran soluciones eficientes.

Los problemas futuristas requieren soluciones futuristas, ¿verdad?

EL FUTURO DE LA IA Y LA PSICOLOGÍA

Mirando hacia adelante, la colaboración entre la IA y la psicología tiene un enorme potencial. Esta asociación podría dar lugar a productos y servicios más avanzados que mejoren los resultados de la salud, las herramientas educativas y los entornos laborales.

Investigación interdisciplinaria

Un concepto fascinante que vale la pena explorar dentro de la investigación interdisciplinaria es el neuroescaneo, que se enfoca en capturar patrones de ondas cerebrales durante el sueño utilizando auriculares de neuroamplificación. Esto permite una conexión directa con el subconsciente, sentando las bases para explorar los sueños y abriendo nuevas posibilidades en áreas como la terapia y el aprendizaje, todo mientras se mantiene una perspectiva concisa.

NeuroSky es una empresa pionera en el desarrollo de tecnologías de interfaz cerebro-computadora (BCI). Sus productos innovadores utilizan la electroencefalografía (EEG) para monitorear la actividad de las ondas cerebrales, traduciendo estados mentales en datos procesables.

Con nuevos avances en tecnología BCI, NeuroSky lidera el camino al ayudar a las personas a utilizar sus datos cerebrales de maneras novedosas. Esta tecnología podría ser clave para comprender los sueños, mejorar el aprendizaje y gestionar las emociones, haciendo de NeuroSky una empresa interesante a seguir en el creciente campo de la neurotecnología.

Tecnologías emergentes

Hoy en día, donde quiera que mires, notarás la omnipresente influencia de la nueva tecnología inspirada en la IA. La integración de la IA en el análisis de grandes volúmenes de datos está transformando nuestra forma de ver y comprender la información.

¿Qué es el Big Data?

El Big Data se refiere a grandes cantidades de datos estructurados y no estructurados que se pueden analizar para extraer información y detectar tendencias. Estos datos provienen de diversas fuentes, como redes sociales, transacciones en línea, sensores y mucho más.

Pero no se trata solo de tener una gran cantidad de datos; la clave es cómo procesamos y analizamos esta información para obtener conocimientos útiles. Según un artículo de Gillis & Robinson (2021), es importante reconocer las características clave que definen el Big Data

He aquí las 5V de los big data:

CARACTERÍSTICA	DESCRIPCIÓN
Volumen	La gran cantidad de datos generados, que van de terabytes a petabytes.
Velocidad	Se refiere a cómo los datos se crean y procesan rápidamente, a menudo de inmediato.
Variedad	Los diferentes formatos de los datos, incluidos los estructurados, semiestructurados y no estructurados.
Veracidad	La exactitud y fiabilidad de los datos, garantizando que se puede confiar en ellos.
Valor	Las percepciones significativas obtenidas del análisis de los datos, que informan las decisiones y las prácticas.

Aplicaciones prácticas de la IA en Big Data

Un claro ejemplo del impacto de la IA en Big Data es la asistencia sanitaria. Actualmente, los hospitales y clínicas generan enormes cantidades de datos diariamente. Utilizando la IA, los profesionales de la salud pueden analizar grandes volúmenes de información para brindar a los pacientes una mejor atención. La IA puede identificar rápidamente a los pacientes que necesitan ayuda, permitiendo un tratamiento más ágil y eficiente.

Por ejemplo, se pueden entrenar modelos de aprendizaje automático (ML) para predecir qué pacientes tienen mayor riesgo de desarrollar complicaciones a partir de sus datos históricos. Este enfoque de análisis predictivo no solo salva vidas, sino que también reduce los costos sanitarios al concentrar los recursos donde más se necesitan.

Otro ámbito en el que se fusionan Big Data y la IA es la seguridad pública. Las agencias encargadas de hacer cumplir la ley pueden analizar datos sobre criminalidad para identificar puntos conflictivos y predecir cuándo y dónde podrían ocurrir delitos. Al estudiar patrones delictivos previos, la IA puede ayudar a desplegar recursos de manera más eficaz, mejorando la seguridad en las comunidades.

TENDENCIAS EMERGENTES

El futuro de la IA se presenta muy prometedor para sus usuarios, y aunque esto se haya repetido en múltiples ocasiones, sigue siendo cierto.

XIA: IA explicable

Una tendencia emergente clave es la IA Explicable (XIA). Este concepto busca que las operaciones de los sistemas de IA sean comprensibles para los seres humanos. En términos sencillos, se trata de crear modelos de IA que no solo tomen decisiones, sino que también ofrezcan un razonamiento claro y comprensible detrás de esas decisiones. Esto es crucial porque, a medida que la IA se expande en influencia y aplicaciones en distintos campos, entender cómo llegan estos sistemas a sus conclusiones es esencial para generar confianza y responsabilidad.

¿Qué es la XIA?

La XIA se basa en la transparencia. Un modelo de IA puede analizar datos, identificar patrones y tomar decisiones. Pero si no podemos entender cómo funciona -como si fuera una "caja negra"-, es probable que desconfiemos de él.

Por ejemplo, la XIA permite a las personas comprender por qué un sistema de IA denegó un préstamo. ¿Fue por la puntuación crediticia del solicitante, su situación financiera o algún sesgo en el sistema? Esta transparencia mejora la confiabilidad de los sistemas de IA.

¿Por qué es importante la XIA?

La importancia de la XIA se extiende a sectores como la salud, las finanzas, la seguridad pública y la tecnología. En el marketing de afiliación, por ejemplo, los vendedores deben tener claro en qué datos se basan sus estrategias promocionales. Si un programa de afiliación recomienda un producto específico para promocionar, los vendedores deben entender las razones detrás de esas recomendaciones para tomar decisiones informadas.

De la misma manera, cuando las herramientas de análisis destacan tendencias en el comportamiento de los consumidores, es fundamental comprender los factores que llevan a esas conclusiones. Ofrecer transparencia genera confianza entre consumidores y socios, lo cual es vital para integrar con éxito las prácticas de marketing de afiliación.

IA y Neurociencia

Con la ayuda de la IA, los investigadores pueden analizar grandes cantidades de datos de forma más rápida y eficaz que antes. Esto es fundamental porque entender cómo funciona el cerebro es una tarea compleja que involucra muchas variables.

Por ejemplo, los algoritmos de IA pueden procesar escáneres cerebrales y patrones de actividad para identificar las áreas involucradas en funciones específicas. Esto puede llevar a una mejor comprensión de procesos como la memoria y la regulación del estado de ánimo.

Los fundamentos de la función cerebral

Para comprender cómo la IA mejora nuestra comprensión del cerebro, es esencial tener un conocimiento básico sobre su funcionamiento. El cerebro está compuesto por miles de millones de células llamadas neuronas que se comunican a través de conexiones conocidas como sinapsis. Cada neurona puede conectarse a miles de otras, formando redes responsables de nuestros pensamientos, emociones y acciones. Dada la complejidad de estas interacciones, las herramientas de IA pueden simplificar el análisis descomponiendo la información en partes más manejables.

Cómo funciona la IA en la Neurociencia

La IA ayuda a los científicos a filtrar la gran cantidad de datos generados por la investigación cerebral. Los métodos tradicionales de análisis suelen ser lentos y pueden pasar por alto patrones importantes. El aprendizaje automático (ML) puede identificar patrones en los datos que no son evidentes para el ojo humano.

Por ejemplo, los investigadores pueden cargar miles de imágenes de escáneres cerebrales en un sistema de IA. Este sistema puede aprender a diferenciar entre actividad cerebral normal y anormal, lo que puede ayudar a diagnosticar enfermedades como el Alzheimer o la esquizofrenia.

Ejemplos de aplicaciones de la IA en la Neurociencia

Un ejemplo concreto del uso de la IA para comprender la función cerebral es su aplicación en el estudio de tumores cerebrales. Cuando los médicos detectan un tumor, pueden utilizar la IA para analizar imágenes del tumor y el tejido cerebral circundante. La IA puede ayudar a predecir cómo crecerá el tumor y cómo responderá al tratamiento.

DESAFÍOS PSICOLÓGICOS EN LA ADOPCIÓN DE LA IA

A pesar de los beneficios potenciales de la IA, la resistencia al cambio puede obstaculizar su adopción.

Resistencia al cambio

Los empleados, por ejemplo, pueden sentirse amenazados por las nuevas tecnologías o temer que la IA reemplace sus puestos de trabajo. Para superar esta resistencia, las organizaciones deben enfocarse en la comunicación y la transparencia.

Compartir historias de éxito también puede ayudar a mitigar el temor hacia la IA. Mostrar ejemplos de empresas que han integrado con éxito la IA puede inspirar a los empleados indecisos. Ver beneficios tangibles, como procesos más rápidos o mejores resultados, puede motivar al personal a aceptar la tecnología de IA.

Encontrar las soluciones adecuadas

Identificar las soluciones de IA adecuadas es fundamental para su adopción. Con tantas opciones disponibles, las empresas deben tomar decisiones informadas que se ajusten a sus necesidades específicas. Investigar las diferentes herramientas de IA, como modelos de aprendizaje automático (ML), sistemas de procesamiento de lenguaje natural (NLP) o automatización robótica de procesos, puede ayudar a las empresas a determinar qué solución es la más adecuada para ellas.

IA y autonomía humana

La autonomía humana se refiere a la capacidad de las personas para tomar decisiones sin influencias externas indebidas. Al integrar la IA en nuestras vidas y lugares de trabajo, es importante asegurarse de que esta tecnología mejore, en lugar de disminuir, la autonomía humana.

Combinar fuerzas

Una forma efectiva de equilibrar la IA y la autonomía humana es aprovechar los puntos fuertes de ambas. Las organizaciones pueden adoptar un enfoque colaborativo en el que la IA se encargue de tareas basadas en datos, mientras que los humanos se centren en la empatía y la inteligencia emocional.

Por ejemplo, en el servicio al cliente, los chatbots basados en IA pueden gestionar consultas rutinarias, permitiendo que los representantes humanos se ocupen de situaciones más complejas que requieren comprensión y empatía. Esta colaboración mejora la calidad del servicio y conserva el toque humano esencial que valoran los clientes.

Entablar un diálogo

Crear un diálogo continuo sobre el uso de la IA en la sociedad ayuda a mantener la conciencia de su impacto en la autonomía humana. Las conversaciones que involucren a políticos, tecnólogos, especialistas en ética y el público en general pueden fomentar una comprensión más profunda de las implicaciones de integrar la IA en nuestras vidas.

Foros abiertos pueden servir como plataformas para discutir el equilibrio entre las capacidades de la IA y la necesidad de mantener la agencia humana. Involucrar a diversas voces en estos debates asegura que se consideren múltiples perspectivas.

CASOS PRÁCTICOS Y APLICACIONES EN EL MUNDO REAL

En este capítulo final, abordaremos casos prácticos y aplicaciones reales de la IA en distintos sectores.

Un ejemplo llamativo se centra en el entrenamiento de la IA y cómo esta mejora jugando al ajedrez.

Leela Chess Zero es una IA que aprende a jugar al ajedrez mediante la práctica continua. Al igual que un ser humano que mejora con la experiencia, Leela perfecciona sus habilidades al analizar partidas anteriores y ajustar su estrategia. Utiliza un método conocido como aprendizaje por refuerzo, lo que significa que juega contra sí misma para mejorar su comprensión del juego. Cuanto más juega, más aprende, desarrollando tácticas complejas que incluso a jugadores experimentados les llevaría años dominar. Este ejemplo ilustra cómo la IA puede evolucionar a través de la práctica constante, demostrando su capacidad para aprender de la experiencia.

CASO PRÁCTICO 1: IA EN LA SALUD

La IA ha demostrado ser valiosa para analizar e interpretar grandes cantidades de datos en entornos médicos, de manera rápida y precisa.

La IA en el diagnóstico y tratamiento

Por ejemplo, los algoritmos de IA pueden analizar imágenes médicas, como radiografías o resonancias magnéticas, para detectar anomalías. Este proceso suele ser más rápido que los métodos tradicionales y puede ayudar a proporcionar diagnósticos más ágiles para los pacientes. Un caso concreto es el uso de la IA en radiología. Un sistema de IA puede entrenarse con miles de imágenes de rayos X para reconocer patrones asociados a enfermedades como neumonía o fracturas. Cuando se le presenta una nueva imagen, la IA compara los patrones aprendidos y alerta a los radiólogos si detecta algo inusual. Esto no solo acelera el diagnóstico, sino que también puede reducir errores que podrían ocurrir solo con la interpretación humana.

La IA en la recomendación de tratamientos

Una vez diagnosticada una enfermedad, la siguiente etapa crucial es determinar el mejor plan de tratamiento. Aquí también la IA desempeña un papel clave al recomendar opciones de tratamiento personalizadas. Estos sistemas analizan el historial médico del paciente, la información genética y otros datos relevantes, lo que los hace ideales para identificar estrategias de tratamiento con mayor probabilidad de éxito. Por ejemplo, en oncología, las herramientas de IA pueden analizar datos genéticos de tumores y, al examinar mutaciones específicas, sugerir terapias dirigidas a dichas mutaciones. Esto permite a los médicos elegir los medicamentos más efectivos para sus pacientes, en lugar de depender exclusivamente de protocolos de tratamiento estándar. La medicina personalizada está ganando terreno, y la IA es protagonista de esta transformación.

Impacto de la IA en la eficiencia y reducción de costos

La incorporación de la IA en el diagnóstico y la recomendación de tratamientos ha aportado beneficios significativos en términos de eficiencia y reducción de costos. Al acelerar los diagnósticos y disminuir la necesidad de procedimientos o pruebas innecesarias, los profesionales sanitarios pueden ahorrar tiempo y recursos. Por ejemplo, la IA puede ayudar a clasificar a los pacientes en salas de urgencias, evaluando rápidamente qué casos requieren atención inmediata. Además, la reducción de errores en los diagnósticos minimiza los costes asociados a diagnósticos incorrectos. La precisión de la IA en la detección de enfermedades permite evitar gastos innecesarios en tratamientos ineficaces y ayuda a asignar recursos de manera más eficiente. Esto se traduce en una menor carga económica para los centros de salud y los pacientes.

Consideraciones éticas e IA transparente

Aunque los avances de la IA en el ámbito sanitario son prometedores, es esencial abordar las consideraciones éticas que conllevan. Existe una creciente preocupación sobre cómo estos sistemas toman sus decisiones. Es necesario garantizar la transparencia en el proceso de diagnóstico para que los profesionales sanitarios puedan comprender y confiar en las recomendaciones que brindan estos sistemas.

Impactos psicológicos en pacientes y profesionales sanitarios

La privacidad de los datos de los pacientes es una de las principales preocupaciones al usar IA en sanidad. Los sistemas de IA requieren acceso a información médica confidencial para operar con precisión. Por ello, los proveedores de salud deben encontrar formas de proteger los datos de los pacientes mientras los analizan de manera efectiva.

CASO PRÁCTICO 2: IA EN LOS NEGOCIOS Y EL MARKETING

Comprender el comportamiento de los clientes es clave para el éxito de cualquier empresa. Esto implica analizar cómo los clientes toman decisiones sobre qué comprar y por qué prefieren ciertos productos o servicios frente a otros. Por ejemplo, si una empresa identifica que sus clientes valoran la sostenibilidad, puede centrarse en promover productos ecológicos. Este enfoque personalizado no solo atrae al público adecuado, sino que también genera confianza y lealtad.

Perspectiva del cliente y personalización

El conocimiento del cliente y la personalización en el marketing se basan en hacer que los clientes se sientan valorados y comprendidos. Cuando los consumidores reciben mensajes u ofertas personalizadas, es más probable que se comprometan con una marca. Por ejemplo, una tienda en línea puede enviar recomendaciones de productos basadas en las compras anteriores de un cliente, lo que aumenta significativamente las posibilidades de realizar una venta.

Crear estrategias de marketing personalizadas

Una vez recopilados y analizados los datos, el siguiente paso es diseñar estrategias de marketing personalizadas. Un enfoque eficaz es la segmentación, que consiste en dividir a los clientes en grupos según características comunes como edad, ubicación o intereses. Por ejemplo, un minorista de ropa podría segmentar a los clientes en categorías como "adultos jóvenes" y "familias", adaptando los mensajes de marketing a cada grupo. Mientras los adultos jóvenes podrían interesarse por estilos modernos y promociones en redes sociales, las familias podrían preferir descuentos en compras al por mayor.

Otra estrategia efectiva es el uso de anuncios de retargeting, que permiten a las empresas mostrar anuncios a clientes que han visitado previamente su sitio web pero no realizaron ninguna compra. Por ejemplo, si un cliente revisó un vestido o una bicicleta y luego abandonó el sitio, el minorista puede mostrar anuncios de esos productos mientras el cliente navega por otros sitios. Esta táctica mantiene el producto en la mente del cliente, animándole a regresar y completar la compra.

Medir el éxito de la personalización

Para evaluar la efectividad de la personalización, las empresas deben monitorear las métricas adecuadas, como las tasas de apertura de correos electrónicos, las tasas de clics en anuncios personalizados y las tasas de conversión de ofertas específicas. Estas métricas proporcionan datos valiosos sobre la eficacia de las estrategias de marketing personalizadas. Por ejemplo, si una empresa nota que las campañas de correo electrónico personalizadas tienen mayores tasas de apertura que las genéricas, es una señal clara de que los clientes responden mejor a un contenido más personalizado. Asimismo, si una campaña de retargeting aumenta significativamente las ventas, confirma que recordar un producto a los clientes es una estrategia efectiva.

Adaptarse a los cambios en el comportamiento de los clientes

El comportamiento de los clientes no es estático; cambia con el tiempo debido a factores como las tendencias del mercado, las condiciones económicas o los cambios en los valores sociales. Por ello, las empresas deben ser flexibles y ajustar sus estrategias de marketing según sea necesario. Esto implica monitorear constantemente las tendencias y estar dispuestos a modificar tácticas cuando sea necesario. Durante los cierres de la pandemia de COVID-19, por ejemplo, muchos consumidores migraron hacia las compras en línea. Las empresas que se adaptaron rápidamente mejorando su presencia digital y ofreciendo opciones de entrega convenientes lograron prosperar, mientras que aquellas que no lo hicieron enfrentaron dificultades para retener a sus clientes. Por eso, estar atentos a los cambios en el comportamiento de los clientes es esencial para el éxito a largo plazo.

Gestión de empleados y automatización

Gestionar la eficiencia de la plantilla es esencial para dirigir una organización de éxito. Esto se refiere a qué tan bien los empleados de una empresa realizan sus tareas y responsabilidades en relación con los recursos disponibles. Una alta eficiencia significa que los empleados utilizan su tiempo y habilidades de manera productiva, lo que contribuye a la consecución de los objetivos de la empresa. Para mejorar la eficiencia, es importante descomponer el concepto en partes más manejables y considerar diferentes estrategias.

Entender la eficiencia de la plantilla

La eficiencia de la plantilla se puede definir como la relación entre el rendimiento productivo y los recursos totales utilizados. Esto evalúa cuán eficazmente se aprovechan los recursos humanos. Por ejemplo, si un empleado dedica mucho tiempo a una tarea pero no produce resultados de calidad, la eficiencia es baja. Por otro lado, si puede completar sus tareas de manera rápida y eficaz, la eficiencia es alta. Los directivos deben encontrar un equilibrio en el que los empleados no trabajen en exceso, pero sí sean capaces de realizar su trabajo eficientemente.

Fomentar la comunicación abierta

La comunicación abierta es clave para un ambiente de trabajo saludable. Los empleados deben sentirse seguros para expresar sus pensamientos, problemas e ideas. Las reuniones periódicas o sesiones de feedback pueden facilitar esta comunicación. Por ejemplo, el uso de un buzón de sugerencias puede permitir a los empleados compartir sus preocupaciones de manera anónima. Este tipo de retroalimentación ayuda a la dirección a identificar problemas y encontrar soluciones para mejorar la eficiencia.

Crear un entorno de trabajo propicio

Un entorno de trabajo de apoyo mejora el rendimiento de los empleados. Según un estudio de Wingmore, el 70% de los empleados reportan mayor productividad cuando se sienten atendidos, apreciados y apoyados por sus superiores. En términos empresariales, esto se puede ver como la "regla del 70% de productividad". Desde el punto de vista de la alta dirección, se trata de una medida práctica; desde el de los empleados, también es motivadora, ya que les anima a dar lo mejor de sí mismos. Actividades como ejercicios de trabajo en equipo pueden fortalecer las relaciones entre empleados, fomentando un entorno en el que se apoyen mutuamente hacia objetivos comunes.

Priorizar el bienestar de los empleados

Dar prioridad al bienestar de los empleados es crucial para mantener la eficiencia de la plantilla. Los empleados que se sienten bien física y mentalmente suelen ser más productivos. Fomentar los descansos y ofrecer programas de salud mental puede ayudar a los empleados a gestionar el estrés. Por ejemplo, implementar horarios flexibles o opciones de trabajo remoto puede permitir a los empleados adaptar su jornada a lo que mejor les funcione. Cuando los empleados sienten que se valora su bienestar, es más probable que estén comprometidos y sean eficientes en sus funciones.

CASO PRÁCTICO 3: LA IA EN HOGARES Y CIUDADES INTELIGENTES

La automatización y la seguridad en el hogar han experimentado mejoras significativas gracias a los avances en IA. Muchos propietarios utilizan estas tecnologías para simplificar y proteger sus vidas cotidianas.

Tecnologías domésticas inteligentes

El uso de la IA en este campo no es solo una tendencia, sino que se está convirtiendo en un aspecto estándar de la vida moderna. Mediante aplicaciones de IA, los propietarios pueden gestionar distintos aspectos de sus hogares, desde la iluminación hasta los sistemas de seguridad, con el mínimo esfuerzo.

Control inteligente de la iluminación

Una de las aplicaciones más comunes de la IA en domótica es la iluminación inteligente. Estos sistemas permiten a los usuarios controlar la iluminación de sus casas a distancia o mediante comandos de voz. Imagina llegar a casa después de un largo día de trabajo y encontrar tu hogar bien iluminado sin necesidad de encender las luces manualmente.

Por ejemplo, puedes instalar bombillas inteligentes que ajusten su brillo en función de la hora del día. Por la mañana, pueden iluminarse gradualmente para simular un amanecer natural, ayudándote a despertar suavemente. Por la noche, puedes programarlas para que se atenúen mientras te preparas para acostarte. Esto no solo crea un ambiente acogedor, sino que también contribuye al ahorro de energía.

Sistemas de seguridad mejorados

Otro ámbito en el que la IA tiene un impacto significativo es la seguridad doméstica. Los sistemas tradicionales suelen depender de sensores de movimiento y alarmas. Sin embargo, las cámaras de seguridad impulsadas por IA pueden aprender los patrones de actividad normal alrededor de tu hogar. Por ejemplo, si un vecino pasa por tu casa todas las noches, el sistema puede reconocer este patrón y evitar alarmas innecesarias.

Además, estas cámaras inteligentes pueden enviar alertas en tiempo real a tu teléfono cuando detectan actividad inusual. Supongamos que un desconocido se acerca a la puerta de tu casa durante la noche; el sistema te avisará inmediatamente. Esta capacidad de diferenciar entre actividades habituales e inusuales no solo reduce las falsas alarmas, sino que aumenta la tranquilidad del usuario.

Asistentes de voz y gestión del hogar

Los asistentes de voz son fundamentales en la domótica. Dispositivos como Amazon Alexa o Google Assistant permiten realizar diversas tareas con solo hablar. Puedes ordenarles que enciendan la cafetera, ajusten el termostato o cierren la puerta principal.

Por ejemplo, si vas a recibir invitados y necesitas reproducir una lista de reproducción específica, puedes pedirle a tu asistente de voz que lo haga por ti. La integración del control por voz con dispositivos inteligentes hace que tu casa sea más interactiva y responda mejor a tus necesidades.

Gestión de la energía

Las aplicaciones de IA también son clave para la gestión energética en los hogares. Los termostatos inteligentes pueden aprender tus preferencias de calefacción y refrigeración y ajustarse automáticamente.

Por ejemplo, si sueles bajar la temperatura por la noche, el termostato puede aprender este hábito y hacer los ajustes por ti. Esto no solo mejora el confort, sino que también reduce el consumo de energía y la factura eléctrica.

Electrodomésticos inteligentes

El auge de los electrodomésticos inteligentes ha transformado la manera en que manejamos las tareas diarias. Desde frigoríficos que pueden hacer un seguimiento del inventario de alimentos hasta lavadoras que se programan para operar en horas óptimas, estos aparatos utilizan la IA para agilizar las labores del hogar.

Las lavadoras con IA, por ejemplo, pueden aprender tus hábitos de lavado y recomendar el mejor ciclo según el tamaño de la carga y el tipo de tejido. Además, muchos de estos electrodomésticos pueden controlarse a distancia, permitiéndote iniciar una carga de ropa mientras estás en el trabajo o ajustar la configuración según tu horario.

Sistemas de vigilancia doméstica

Más allá de la seguridad tradicional, los sistemas de vigilancia doméstica basados en IA ofrecen niveles adicionales de seguridad y comodidad. Por ejemplo, algunos sistemas incluyen detección de humo y alertas de fugas de agua. Si un detector percibe humo en tu casa, puede avisarte de inmediato e incluso contactar con los servicios de emergencia si es necesario.

Los sensores de fugas de agua pueden alertarte de posibles problemas, como una fuga en el sótano, antes de que cause daños importantes. Estas notificaciones pueden enviarse directamente a tu teléfono para que puedas actuar aunque no estés en casa.

Experiencias personalizadas

La IA también puede personalizar la experiencia domótica. Los sistemas inteligentes analizan tus hábitos y preferencias, sugiriendo ajustes para crear un entorno más confortable. Por ejemplo, si disfrutas viendo la televisión por la noche, el sistema podría ajustar automáticamente la iluminación y la temperatura según tus preferencias al anochecer.

Iniciativas de ciudades inteligentes

Los entornos urbanos impulsados por la IA pueden tener un impacto significativo en la vida de las personas. Un ejemplo es Singapur, con su iniciativa Smart Nation, que integra la IA en múltiples sectores para mejorar la calidad de vida en la ciudad.

Las mejoras en seguridad urbana son impresionantes, utilizando cámaras inteligentes que detectan comportamientos inusuales y avisan automáticamente a la policía.

Implicaciones psicológicas de los entornos urbanos impulsados por la IA

La presencia de la IA puede provocar cambios en las interacciones sociales. En ciudades donde se emplea la IA para facilitar la comunicación y los servicios, las personas podrían confiar más en la tecnología que en las interacciones cara a cara.

Por ejemplo, si existen aplicaciones móviles que ayudan a encontrar amigos en lugares concurridos, algunas personas pueden preferir usar estas herramientas en lugar de navegar por situaciones sociales por sí mismas. Esta dependencia de la tecnología puede generar una sensación de aislamiento si se pasa más tiempo interactuando a través de dispositivos que directamente con otras personas.

Implicaciones sociales de los entornos urbanos Impulsados por la IA

El impacto de la IA en las ciudades es significativo. Las ciudades que utilizan IA para mejorar la seguridad podrían establecer sistemas que vigilen las zonas públicas y analicen los datos para ayudar a prevenir delitos antes de que ocurran.

Aunque esto podría mejorar la seguridad, también plantea problemas de privacidad. Los residentes podrían sentirse vigilados constantemente, lo que podría provocar ansiedad y desconfianza en la comunidad. Por ejemplo, un vecindario que antes era muy unido podría empezar a sentirse dividido si los residentes se sienten incómodos con el uso de tecnologías de vigilancia.

¡AYÚDAME A DIFUNDIR EL MENSAJE!

Independientemente de cómo utilices la IA en tu vida actual o de cómo llegues a trabajar con ella en el futuro, comprender la relación entre la IA y la psicología va a ser fundamental. Tómate un momento ahora para ayudar a más lectores a alcanzar esa comprensión.

Simplemente compartiendo tu sincera opinión sobre este libro y un poco sobre lo que has aprendido aquí, proporcionarás una señal que ayudará a los nuevos lectores a encontrar el camino hacia él.

Muchas gracias por tu apoyo. Espero que te sientas capacitado para utilizar la IA para mejorar tu vida: Hay un futuro apasionante por delante, ¡y tú quieres formar parte de él!

Escanea el siguiente código QR

CONCLUSIÓN

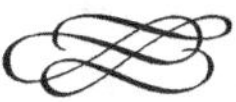

Al llegar al final de este libro, espero que hayas aprendido lo suficiente sobre cómo utilizar la IA en tu beneficio. Antes de despedirnos, quiero recordar lo que mencioné en el capítulo introductorio sobre el principio de reciprocidad. Reflexiona sobre este concepto como un recordatorio de que la relación con la IA debe ser un enfoque de dar y recibir. Debes aportar (es decir, maximizar tu potencial y utilizarlo para guiar al sistema de IA) antes de poder recibir (obtener resultados satisfactorios y maximizar el potencial de la IA).

Otra cosa importante a recordar es ser consciente de cómo das instrucciones. Como sugiere el título de este libro, la psicología desempeña un papel clave en todo esto. Aunque pueda parecer que la IA funcionará de manera óptima sin importar cómo le indiques, en realidad, tu enfoque influye mucho en los resultados.

¿Sabías que un simple "por favor" y "gracias" puede influir positivamente en la calidad de las respuestas de la IA?

Para ilustrarlo, piensa en ponerte en el lugar de la IA. ¿Darías lo mejor de ti si alguien solo te diera órdenes de manera brusca? ¿O preferirías recibirlas de forma amable y respetuosa? Seguramente, preferirías lo segundo.

RESUMEN DE LOS PUNTOS CLAVES

Ahora repasemos lo que hemos aprendido. La psicología ofrece una perspectiva única para explorar cómo funcionan los sistemas de IA y su impacto en el comportamiento humano y la toma de decisiones.

Integración de la IA y la Psicología

Analizando la relación entre la IA y la psicología, podemos aprender a diseñar tecnologías de IA que se alineen más estrechamente con los procesos de pensamiento humano. Esta comprensión permite crear sistemas de IA más intuitivos y fáciles de usar.

Implicaciones para la práctica

Los desarrolladores de IA también se benefician de las aplicaciones prácticas de la IA. Utilizan técnicas de aprendizaje automático para crear algoritmos más inteligentes y eficaces, que les permitan desempeñar sus tareas de manera más eficiente. Un ejemplo típico es el desarrollo de sistemas de recomendación, como los que emplean los servicios de streaming o los minoristas en línea, para analizar el comportamiento del usuario y sugerir contenidos o productos relevantes, mejorando así la experiencia del usuario.

MIRANDO HACIA EL FUTURO

La intersección entre la IA y la psicología es un área de exploración fascinante. Tal vez sea algo parcial, pero considero que solo estamos arañando la superficie de lo que la relación entre la psicología y la IA puede ofrecer. A medida que la tecnología siga avanzando, nos proporcionará formas innovadoras de comprender y mejorar casi todos los aspectos de nuestra vida.

Tendencias futuras en IA y Psicología

Si mantenemos el foco en la ética, trabajamos juntos desde distintos campos y utilizamos la tecnología de manera responsable, podemos construir un futuro en el que la ayuda psicológica esté al alcance de todos. Este enfoque también facilitará una mayor comprensión de nosotros mismos y permitirá promover el bienestar mental en la sociedad.

Mantenerse informado

Cada vez más personas dicen que el futuro es la IA, y es difícil no estar de acuerdo. Por ello, mantenerse informado sobre los avances en IA será beneficioso. Una forma eficaz de hacerlo es mediante seminarios web, que ofrecen plataformas donde los expertos pueden compartir sus conocimientos y experiencia.

¿Qué son los seminarios web?

Los seminarios web pueden variar desde presentaciones breves hasta sesiones más extensas y profundas. En estos eventos, los participantes aprenden sobre las tendencias actuales, resultados de investigaciones y casos prácticos relacionados con la IA. A diferencia de las conferencias tradicionales, los seminarios web suelen fomentar la participación de la audiencia, con interacción en vivo a través de chats y sesiones de preguntas y respuestas, lo que permite aclarar dudas y profundizar en los temas tratados.

REFLEXIONES FINALES

Construir sistemas de IA justos no es sencillo. Implica tomar medidas deliberadas a lo largo del proceso de desarrollo. Un enfoque eficaz es formar equipos diversos con personas de diferentes orígenes y experiencias para que se encarguen de entrenar a la IA. Esta diversidad aporta perspectivas variadas que ayudan a identificar y mitigar posibles sesgos en los algoritmos.

Por ejemplo, si un equipo está compuesto únicamente por personas de orígenes similares, es probable que pasen por alto sesgos inadvertidos en su modelo de IA. Para evitarlo, las organizaciones pueden implementar programas de formación que se centren en reconocer y abordar los sesgos presentes en la tecnología.

Compromiso con una IA ética

Comprometerse con una IA ética también implica monitorear y evaluar regularmente los sistemas. Estas revisiones deben examinar los datos usados para entrenar los modelos de IA. Por ejemplo, utilizar diversas fuentes de datos asegura que la información sea completa y refleje diferentes experiencias

APÉNDICE

A lo largo de este libro, se mencionan términos y temas que quizá quieras explorar más a fondo. Por eso, he incluido este capítulo extra dedicado a ampliar la información pertinente.

TÉRMINOS CLAVE DE IA Y PSICOLOGÍA

Si estás interesado en aprender más sobre la IA y la psicología, y planeas leer libros relevantes en el futuro, es útil familiarizarse con algunos términos clave.

Glosario de términos

El propósito de este glosario es ofrecer un repaso, especialmente en aquellos casos donde necesites aclaraciones adicionales. Aquí tienes los términos más relevantes:

- **Algoritmo de retropropagación**: Método para entrenar redes neuronales ajustando los pesos en función de los gradientes de error.
- **Análisis espectral**: Técnica para descomponer señales complejas en sus frecuencias componentes.
- **Aprendizaje no supervisado**: Enfoque de aprendizaje automático que identifica patrones en datos no etiquetados sin resultados predefinidos.
- **Aprendizaje profundo**: Enfoque de aprendizaje automático que utiliza redes neuronales multicapa para aprender representaciones jerárquicas.
- **Aprendizaje socioemocional (SEL)**: Enfoque educativo que enseña a los estudiantes a reconocer y gestionar emociones, desarrollar empatía, establecer relaciones positivas y tomar decisiones responsables.
- **Aprendizaje supervisado**: Técnica de ML que utiliza datos etiquetados para hacer predicciones o tomar decisiones.
- **Plasticidad sináptica**: Capacidad de las conexiones neuronales para fortalecerse o debilitarse en función de la actividad y la experiencia.
- **Inteligencia de enjambre**: Comportamiento colectivo de sistemas descentralizados y autoorganizados, inspirado a menudo en la naturaleza.
- **Capacidad de memoria de trabajo**: Cantidad de información que un individuo puede retener y manipular temporalmente.
- **Carga cognitiva**: Esfuerzo mental necesario para procesar información y realizar tareas.

- **Comprensión del lenguaje**: Capacidad de un sistema de IA para interpretar y entender el lenguaje humano en su contexto.
- **Desarrollo de modelos**: Proceso de creación, entrenamiento y perfeccionamiento de modelos de aprendizaje automático.
- **Desinformación**: Información falsa o inexacta difundida, ya sea intencionadamente o no.
- **Elección del algoritmo**: Selección del método computacional más adecuado para una tarea o problema concreto.
- **Evaluación del rendimiento**: Análisis de qué tan bien un sistema, modelo o individuo realiza tareas específicas.
- **Grandes datos (Big Data)**: Conjunto de datos estructurados y no estructurados que pueden analizarse para obtener ideas y tendencias.
- **IA estrecha**: Sistemas de IA especializados en una tarea o dominio específico.
- **IA ética**: Desarrollo y aplicación de sistemas de IA que respetan principios morales y valores sociales.
- **IA explicable (XIA)**: Forma de IA que facilita la comprensión y la confianza en los algoritmos de aprendizaje automático, haciendo que los modelos sean más transparentes y comprensibles.
- **IA superinteligente**: IA hipotética que supera las capacidades cognitivas humanas.
- **Mecanismos de atención**: Técnicas que permiten a las redes neuronales centrarse en las partes relevantes de los datos de entrada.
- **Modelos de difusión**: Modelos generativos de IA que crean datos eliminando gradualmente el ruido aleatorio.
- **Modelos gráficos probabilísticos**: Herramientas estadísticas que representan relaciones complejas entre variables a través de gráficos.

- **Modelos multimodales**: Sistemas de IA capaces de procesar e integrar múltiples tipos de datos de entrada.
- **Modelos transformadores**: Arquitectura de red neuronal que utiliza mecanismos de autoatención para el procesamiento de secuencias.
- **Psicología cognitiva**: Estudio de procesos mentales como la percepción, memoria y razonamiento.
- **Reconocimiento emocional**: Capacidad para identificar e interpretar las emociones humanas a partir de diferentes entradas.
- **Redes neuronales**: Sistemas computacionales inspirados en las estructuras biológicas del cerebro, utilizados en el aprendizaje automático.
- **Máquinas de Turing neuronales**: Modelos computacionales que combinan redes neuronales con memoria externa para tareas complejas de razonamiento.
- **Planificación de trayectorias**: Proceso de encontrar rutas óptimas para agentes autónomos en diversos entornos.
- **Resolución de problemas**: Proceso cognitivo de búsqueda de soluciones a desafíos u obstáculos.
- **Robótica**: Campo interdisciplinario centrado en el diseño, construcción y uso de máquinas autónomas.
- **Sesgo**: Desviación sistemática de los valores verdaderos en datos, modelos o juicios humanos.
- **Simulación de realidad virtual (RV)**: Simulación generada por ordenador de un entorno tridimensional con el que se puede interactuar de forma aparentemente real mediante equipos electrónicos especiales.
- **Sistemas autónomos**: Máquinas capaces de tomar decisiones y actuar de forma independiente.
- **Teoría bayesiana de la decisión**: Enfoque estadístico para tomar decisiones bajo incertidumbre utilizando la teoría de la probabilidad.

- **Teoría de juegos**: Estudio matemático de la toma de decisiones estratégicas en situaciones competitivas.
- **Teoría de la carga cognitiva**: Marco que explica cómo se utilizan los recursos mentales durante el aprendizaje y la resolución de problemas.
- **Teoría del procesamiento de la información**: Modelo cognitivo que compara el pensamiento humano con el procesamiento informático de datos.
- **Pruebas de cociente intelectual (CI)**: Evaluaciones estandarizadas diseñadas para medir la inteligencia humana y las capacidades cognitivas.
- **Tokenización**: Proceso de dividir el texto en unidades más pequeñas (tokens) para el procesamiento del lenguaje natural.
- **Aprendizaje por transferencia**: Técnica de aprendizaje que consiste en aplicar el conocimiento de una tarea para mejorar el rendimiento en otra.

Acrónimos

El uso de acrónimos es común en el ámbito de la IA. A continuación, algunos que merece la pena conocer:

- **MCTS**: Búsqueda en árbol de Montecarlo. Algoritmo que utiliza el muestreo aleatorio para evaluar movimientos en escenarios complejos.
- **AGI**: Inteligencia General Artificial. Sistema hipotético de IA capaz de realizar cualquier tarea intelectual que un humano pueda.
- **SLAM**: Localización y mapeo simultáneos. Problema computacional que consiste en construir un mapa de un entorno mientras se rastrea la ubicación de un agente.
- **LSTM**: Memoria a corto plazo de larga duración. Arquitectura de red neuronal recurrente diseñada para aprender dependencias a largo plazo.
- **CND**: Ordenadores neuronales diferenciables. Modelos que combinan aprendizaje profundo con sistemas de memoria externa.
- **CNN**: Redes neuronales convolucionales. Arquitectura especializada en el análisis de imágenes y datos reticulares.
- **TCC**: Terapia cognitivo-conductual. Tratamiento de salud mental para modificar patrones de pensamiento y comportamientos negativos.

RECOMENDACIÓN DE LECTURAS Y RECURSOS

La lectura es una forma activa de aprendizaje que fomenta el pensamiento crítico y el análisis de la información. Los libros y artículos, al ser revisados y editados, suelen ser más fiables que otras fuentes informales de aprendizaje.

Libros y artículos

Los libros y artículos ofrecen información detallada y organizada sobre diversos temas, lo que los convierte en herramientas excelentes para profundizar en el conocimiento. Al leer, puedes tomarte tu tiempo para reflexionar sobre el material, ayudándote a comprender y analizar mejor la información presentada.

Aquí tienes una lista de libros y artículos que merece la pena consultar:

LIBRO	PUNTOS FUERTES	PUNTOS DÉBILES
Mind and Machine: What It Means to Be Human, por Michael L. Anderson	Exploración profunda de la cognición humana en contraste con las máquinas	Puede ser denso para lectores generales
The Singularity Is Near, por Ray Kurzweil	Perspectivas visionarias sobre la tecnología y la IA del futuro	Algunos conceptos pueden parecer demasiado optimistas
How to Create a Mind, por Ray Kurzweil	Análisis del potencial de la IA para replicar el pensamiento humano	Conceptos a menudo especulativos
Superintelligence: Paths, Dangers, Strategies, por Nick Bostrom	Visión crítica del desarrollo de la IA y sus implicaciones	Puede considerarse alarmista por algunos
The Age of Spiritual Machines, por Ray Kurzweil	Integra la tecnología con experiencias humanas y espiritualidad	Puede ser difícil de digerir
Homo Deus: A Brief History of Tomorrow, por Yuval Noah Harari	Abordaje de las futuras posibilidades de la humanidad y la tecnología	El amplio alcance puede carecer de profundidad en áreas específicas

Título	Descripción	Posible inconveniente
Weapons of Math Destruction, por Cathy O'Neil	Análisis de los efectos negativos de los algoritmos en la sociedad	Puede parecer demasiado centrado en críticas
Artificial Intelligence: A Guide to Intelligent Systems, por Michael Negnevitsky	Perspectivas prácticas sobre aplicaciones de la IA en distintos sectores	Enfoque técnico que puede no resultar atractivo para todos
The Three-Body Problem, por Liu Cixin	Discusiones sobre las implicaciones filosóficas y éticas del primer contacto alienígena	La narrativa compleja puede ser difícil
Nanotechnology: Understanding Small Systems, por Ben Rogers	Introducción exhaustiva a la nanotecnología y su potencial	Puede ser demasiado técnica para lectores ocasionales
The Master Algorithm, por Pedro Domingos	Explora en profundidad los algoritmos de aprendizaje automático	Puede estar cargado de jerga técnica
The Emotion Machine, por Marvin Minsky	Explora las emociones en las máquinas y sus implicaciones para la IA	El marco teórico puede parecer abstracto
The Public Policy of Nanotechnology: Technologies in the Shadow of the Future, por Michèle L. M. V. D. Beek	Análisis de las repercusiones sociales de la nanotecnología	Alcance limitado en detalles técnicos
Wired for War, por P. W. Singer	Examina las implicaciones de la robótica en el contexto bélico	Puede no atraer a quienes no están interesados en la tecnología militar
Machines of Loving Grace, por John Markoff	Investigación sobre la relación entre humanos y máquinas a lo largo del tiempo	Puede resultar demasiado histórico para algunos lectores
The Fourth Industrial Revolution, por Klaus Schwab	Explicación de los cambios sociales impulsados por avances tecnológicos	Puede parecer demasiado teórico para aplicaciones prácticas
What Technology Wants, por Kevin Kelly	Exploración filosófica de la tecnología como fuerza en evolución	Conceptos abstractos y filosóficos
Reinventing Discovery: The New Era of Networked Science, por Michael Nielsen	Discute el impacto de la tecnología en los descubrimientos científicos	Puede parecer un tema de nicho para no científicos

Cursos y talleres online

Además de leer libros y artículos, una forma eficaz de profundizar en tus conocimientos y habilidades relacionadas con la psicología de la mente y la IA es matricularte en diferentes cursos y talleres online.

Para esta sección, en lugar de proporcionarte nombres específicos de cursos, creo que es más útil ofrecerte consejos sobre cómo buscar cursos por tu cuenta. Hay una gran variedad de opciones excelentes, y estos consejos te ayudarán a encontrar las mejores. Aquí tienes algunas formas de buscar cursos y talleres:

- Consulta sitios web de universidades conocidas por su investigación en IA y psicología.
- Explora sitios educativos centrados en la IA, como Fast.ai o DeepLearning.AI.
- Busca talleres en organizaciones profesionales, como la Asociación Americana de Psicología.
- Revisa las principales plataformas de MOOC, como Coursera, edX y Udemy.

LISTA DE REVISTAS Y CONFERENCIAS DE IA Y PSICOLOGÍA

Además de los libros, artículos, cursos online y talleres, las revistas y conferencias científicas también ofrecen acceso a las últimas investigaciones y avances en diversos campos, asegurando que los lectores se mantengan informados sobre nuevos desarrollos.

Revistas

Una ventaja clave de las revistas especializadas en IA y psicología es que son revisadas por expertos. Esto garantiza que la información que contienen sea creíble y fiable. Aquí tienes algunas revistas que vale la pena consultar:

- *Journal of Artificial Intelligence Research (JAIR)*
- *Artificial Intelligence Journal (AIJ)*
- *International Journal of Machine Learning Research*
- *Neural Networks*
- *Journal of Machine Learning Research*
- *Nature Machine Intelligence*
- *AI Magazine*
- *Cognitive Computation*

Conferencias

Existen importantes conferencias que reúnen a expertos en IA y psicología. Una de las grandes ventajas de estas conferencias es la oportunidad de establecer contactos. Las conferencias presenciales te permiten conectar con otros profesionales, expertos y líderes del campo. Aquí tienes algunas conferencias a las que merece la pena asistir:

- Conferencia Internacional sobre Aprendizaje Automático (ICML)

- Conferencia Internacional sobre Representaciones de Aprendizaje (ICLR)
- Conferencia sobre Sistemas Neuronales de Procesamiento de la Información (NeurIPS)
- Asociación para el Avance de la Inteligencia Artificial (AAAI)

REFERENCIAS

About. (n.d.). Twitch. https://www.twitch.tv/p/en/about/

Almakhour, M., & Mellouk, A. (2020). Theorem prover. ScienceDirect. https://www. sciencedirect.com/topics/computer-science/theorem-prover

Al-Masri, A. (2024, March 7). Backpropagation in a neural network: Explained. Built In. https://builtin.com/machine-learning/backpropagation-neural-network

Bickersteth, D. (2023, September 12). Evolving identities: A holistic guide for individuals and organizations. CARVE your Niche. https://medium.com/carve-your-niche/ evolving-identities-a-holistic-guide-for-individuals-and-organizations-baef75e9b15

Brower, T. (2022, November 6). 70% aren't prepared for the future of work: Demands for upskilling surge. Forbes. https://www.forbes.com/sites/tracy brower/2022/11/06/70-arent-prepared-for-the-future-of-work-demands-for-upskilling-surge/

Brown, D. (2022, February 17). IA market in healthcare expected to surpass $34B by 2025. Health Exec. https://healthexec.com/topics/artificial-intelligence/health care-ai-market-surpass-34b-2025

Celemin, C., Pérez-Dattari, R., Chisari, E., Franzese, G., de Souza Rosa, L., Prakash, R., Ajanović, Z., Ferraz, M., Valada, A., & Kober, J. (2022, October 31). Interactive imitation learning in robotics: A survey. ArXiv: 2211.00600 https://doi.org/ 10.48550/arXiv.2211.00600

Digital immortality and the future of consciousness: A deep dive into the concept of mind uploading. (2023, June 25). The IA Blog. https://www.theaiblog.net/digi tal-immortality-and-the-future-of-consciousness-a-deep-dive-into-the- concept-of-mind-uploading/

eLearning Company Blog. (2024, March 20). Putting ChatGPT to work: Enhancing student-teacher interactions in online learning. eLearning Company. https://elearning.company/blog/putting-chatgpt-to-work-enhancing-student-teacher- interactions-in-online-learning/

Flavin, B. (2019, May 6). Different types of learners: What college students should know. Rasmussen University. https://www.rasmussen.edu/student-experience/ college-life/most-common-types-of-learners/

Forrester. (2021, September 7). Ginger and Headspace merge: Looks to build mental resilience in all employees by giving them more choice. Forbes. https:// www.forbes. com/sites/forrester/2021/09/07/ginger-and-headspace-merge-looks-to-build-mental-resilience-in-all-employees-by-giving-them-more- choice/

Gandhi, T. K., Classen, D. C., Sinsky, C. A., Rhew, D. C., Vande Garde, N., Roberts, A., & Federico, F. (2023). How can artificial intelligence decrease cognitive and work burden for front line practitioners? *JAMIA Open, 6(3)*. https://doi.org/10. 1093/jamiaopen/ooad079

Gibbons, S., Mugunthan, T., & Nielsen, J. (2023, October 20). *The 4 degrees of anthropomorphism of generative IA*. Nielsen Norman Group. https://www.nngroup. com/articles/anthropomorphism/

Gillis, A., & Robinson, S. (2021, March). *The 5 Vs of big data*. TechTarget. https:// www.techtarget.com/searchdatamanagement/definition/5-Vs-of-big-data

Ginger's mental health app is now Headspace Care. (n.d.). Headspace. https://orga niza tions.headspace.com/ginger-is-now-part-of-headspace

Haan, K. (2023, July 20). *Over 75% of consumers are concerned about misinformation from artificial intelligence*. Forbes Advisor. https://www.forbes.com/advi sor/business/artificial-intelligence-consumer-sentiment/

Haan, K. (2024, June 15). *24 top IA statistics and trends in 2024*. Forbes Advisor. https://www.forbes.com/advisor/business/ai-statistics/

Hosna, A., Merry, E., Gyalmo, J., Alom, Z., Aung, Z., & Azim, M. A. (2022). Transfer learning: A friendly introduction. *Journal of Big Data, 9(1)*. https:// doi.org/10. 1186/s40537-022-00652-w

The Investopedia Team. (2022, January 1). *Weak IA*. Investopedia. https://www. investopedia.com/terms/w/weak-ai.asp

Jennings, K., & Knapp, A. (2023, August 9). *InnovationRx: 70% of U.S. adults "concerned" about IA in healthcare*. Forbes. https://www.forbes.com/sites/alexk napp/2023/08/09/innovationrx-70-of-us-adults-concerned-about-ai-in-healthcare/

Kalpokas, I. (2023). *Work of art in the age of its IA reproduction*. Sage Journals. https://doi.org/10.1177/01914537231184490

Karl, T. (2024, February 12). *DBSCAN vs. k-means: A guide in Python*. New Horizons. https://www.newhorizons.com/resources/blog/dbscan-vs-kmeans-a- guide-in-python

Kowalski, P. (2021, March). *Why should /3% of Polish websites have a closer look at their mobile user experience?* Think with Google. https://www.thinkwithgoogle. com/   intl/en-emea/marketing-strategies/app-and-mobile/why-should-73-of-polish- websites-have-a-closer-look-at-their-mobile-user-experience/

Lim, E., & Conversation, T. (2023, March 23). *The multiverse: How we're tackling the challenges facing the theory*. Phys.org. https://phys.org/news/2023-03-multi verse-tackling-theory.html

Manyika, J., Silberg, J., & Presten, B. (2019, October 25). *What do we do about the biases in IA?* Harvard Business Review. https://hbr.org/2019/10/what-do-we- do-about-the-biases-in-ai

McKinsey & Company. (2024). *The state of IA in early 2024: Gen IA adoption spikes and starts to generate value*. https://www.mckinsey.com/capabilities/ quantum black/our-insights/the-state-of-ai

Moreno, R., & Park, B. (2012, June 5). *Cognitive load theory: Historical development and relation to other theories*. Cambridge University Press.

Nonlocality and entanglement. (n.d.). The Physics of the Universe. https://www.physicsoftheuniverse.com/topics_quantum_nonlocality.html

Paulson, L. C. (n.d.). Isabelle: The next /00 theorem provers. University of Cambridge. https://arxiv.org/pdf/cs/9301106

Pearce, T. (2023, May 4). Using generative IA to imitate human behavior. Microsoft Research. https://www.microsoft.com/en-us/research/blog/using-generative-ai-to-imitate-human-behavior/

Quantum mechanics and the puzzle of human consciousness. (2024, June 18). Allen Institute. https://alleninstitute.org/news/quantum-mechanics-and-the-puzzle-of-human-consciousness/

Rushkoff, D. (2010). Program or be programmed: Ten commands for a digital age. OR Books

Smith, C., McGuire, B., Huang, T., & Yang, G. (2006). The history of artificial intelligence. University of Washington. https://courses.cs.washington.edu/courses/csep590/06au/projects/history-ai.pdf

Solomonoff, G. (2023, May 6). The meeting of the minds that launched IA. IEEE Spectrum. https://spectrum.ieee.org/dartmouth-ai-workshop

Solomons, M. (2023, December 10). 70 UX statistics: Data analysis and market share. Linearity Blog. https://www.linearity.io/blog/ux-statistics/

Stevens, C. (2023, November 6). The effect of IA on identity. EU Reporter. https://www.eureporter.co/internet-2/artificial-intelligence/2023/11/06/the-effect-of-ai-on-identity/

The 10 biases you should know to break the bias in analytics. (n.d.). IAPA. https://www.iapa.org.au/news-and-articles/the-10-biases-you-should-know-to-break-the-bias-in-analytics.html

TSNE. (n.d.). Scikit-learn. https://scikit-learn.org/stable/modules/generated/sklearn.manifold.TSNE.html

UMAP: Uniform manifold approximation and projection for dimension reduction. (n.d.).

UMAP Learn. https://umap-learn.readthedocs.io/en/latest/

Vancar, P. (2023, November 29). Percentage of U.S. adults who agreed there is less stigma against people with mental illness than there was 10 years ago as of 2021. Statista. https://www.statista.com/statistics/1104513/us-adult-opinion-mental-health-stigma

Vena Solutions. (2024, July 18). 80 IA statistics shaping business in 2024. https://www.venasolutions.com/blog/ai-statistics

What is strong IA? (2021, October 13). IBM. https://ibm.com/topics/strong-ai

Wingmore, I. (n.d.). What is /0 percent rule for productivity? TechTarget. https://www.techtarget.com/whatis/definition/70-percent-rule

Yasar, K., Chai, W., & Wigmore, I. (n.d.). What is a MOOC (massive open online course)? TechTarget WhatIs? https://www.techtarget.com/whatis/definition/massively-open-online-course-MOOC